TRAITÉ

DE

LA CHASSE

CORBEIL. — Typ. et stér. de CRÉTÉ FILS.

TRAITÉ

DE

LA CHASSE

CONTENANT

LES CHASSES A L'AFFUT

A TIR ET A COURRE

PAR

RENÉ et LIERSEL

AUGMENTÉ DE

TOUTES LES LOIS ET ORDONNANCES NOUVELLES

Y COMPRIS LA LOI DU 24 JANVIER 1874

Avec un commentaire analytique pour chaque article

PARIS

THÉODORE LEFÈVRE, ÉDITEUR

Rue des Poitevins

PREMIÈRE PARTIE
CHASSE AUX QUADRUPÈDES

CHAPITRE PREMIER

LÉGISLATION.

—

Loi du 3 mai 1844 sur la police de la chasse, modifiée par la Loi du 24 janvier 1874.

ARTICLE 1ᵉʳ. Nul ne pourra chasser, sauf les exceptions ci-après, si la chasse n'est pas ouverte, et s'il ne lui a pas été délivré un permis de chasse par l'autorité compétente.

Nul n'aura la faculté de chasser sur la propriété d'autrui sans le consentement du propriétaire ou de ses ayants droit.

Permis de chasse. — La demande du permis de chasse

doit être faite sur papier timbré et adressée au maire de
la commune où l'impétrant a fixé sa résidence, soit ordinaire, soit temporaire. Il suffit d'y indiquer son âge et sa
position sociale, sans y joindre de pièces justificatives ;
mais, sur le doute émis, soit par le maire, soit par le sous-
préfet, le préfet peut exiger des certificats réguliers constatant l'âge de l'impétrant et son inscription aux rôles des
contributions. Cette demande doit être accompagnée de la
quittance des 25 fr. versés au percepteur de la commune.
Le maire transmettra ensuite cette demande au préfet
ou sous-préfet qui signera le permis. — En cas de doute
sur des condamnations antérieures, c'est à l'autorité à
prouver qu'il en existe, et non à l'impétrant à prouver
qu'il n'en existe pas.

La circulaire ministérielle du 10 mai 1844, adressée
aux préfets pour leur faciliter l'application de la loi sur
la police de la chasse, déclare que le *permis* exigé par
l'art. 1er est nécessaire pour toute poursuite de gibier,
quels que soient les moyens, instruments ou procédés
de chasse employés. — Il résulte de là que la poursuite
à coups de pierre ou de bâton d'une pièce de gibier
quelconque partant inopinément sous les pas d'un individu non chasseur, peut être qualifiée de délit de chasse
et punie comme telle, même quand la chasse n'est point
prohibée. Sous ce rapport, la loi nouvelle est bien plus
sévère que les lois antérieures, car, six semaines seulement avant sa promulgation, la cour de Bordeaux avait
encore décidé qu'en tirant de chez lui, à l'improviste, un
coup de fusil sur un lièvre qui passait devant son domicile, un individu, poursuivi pour ce fait par le ministère
public, n'avait pas commis un délit de chasse.

La jurisprudence a établi que l'obligation pour tout
chasseur d'être muni d'un permis, ne s'applique pas aux
simples auxiliaires des chasses qui exigent le concours
de plusieurs personnes ; mais ces auxiliaires doivent se
renfermer rigoureusement dans les conditions de ce concours et notamment n'être pas porteurs d'armes à feu.

La quittance de prix du port d'armes délivrée par le
percepteur, ne peut jamais tenir lieu du permis demandé.

La date du permis devra être celle du jour de son envoi et non du jour où il aura été demandé.

La durée du port d'armes est fixée à un an ; ainsi un permis délivré le 1er septembre 1875 est valable jusqu'au 2 septembre 1876, le jour de la délivrance ne devant pas être compris dans la durée de la jouissance.

En cas de perte du permis, le chasseur ne peut se livrer à l'exercice de la chasse qu'après en avoir payé et obtenu un second.

ART. 2. Le propriétaire ou possesseur peut chasser ou faire chasser en tout temps, sans permis de chasse, dans ses possessions attenant à une habitation et entourées d'une clôture continue faisant obstacle à toute communication avec les héritages voisins.

A moins de clause contraire dans le bail, le droit de chasse dans une terre à clôture continue et attenant à l'habitation appartient au fermier ; mais pour toutes les autres terres, dans le silence du bail, le droit de chasse appartient au propriétaire.

— La Cour de cassation a décidé, le 14 août 1847, qu'un propriétaire qui tire de son enclos sur le gibier qui passe en dehors de sa terre commet un délit de chasse s'il n'a pas le permis nécessaire ou s'il est en temps prohibé.

Il faut donc comme condition essentielle du droit de chasse en temps prohibé que le terrain sur lequel on chasse soit attenant à l'habitation et qu'il soit entouré d'une *clôture continue faisant obstacle à toute communication avec les héritages voisins.*

Les mots *clôture continue* peuvent donner lieu à des interprétations différentes. Ainsi des fossés plus ou moins profonds, des haies plus ou moins bien entretenues, sont ou ne sont pas des clôtures suffisantes ; la loi a dû laisser aux tribunaux le soin de décider la question après vérification des lieux, car souvent un mur très-bas ou en mauvais état ne vaut pas un bon fossé ou une haie bien fournie.

Par habitation on comprend une construction destinée à être habitée sinon constamment du moins un certain temps de l'année. Une cabane ne serait pas considérée ainsi par les tribunaux.

— Le tribunal de Marseille a jugé, le 17 septembre 1844, que les berges très-élevées d'une grande route (4 mètres de talus) constituaient une clôture suffisante, quoiqu'elles eussent été gravies assez facilement par les gendarmes.

— Le 22 mai 1845, la cour de Metz a décidé qu'on doit considérer comme terrain clos, ainsi que le veut la loi, un domaine attenant à une habitation et fermé par une rivière ou un canal de dérivation, quoique sur ce canal il existe un pont communiquant à d'autres dépendances non closes de la même propriété.

ART. 3. Les préfets détermineront par des arrêtés publiés au moins dix jours à l'avance, les époques des ouvertures et celles des clôtures des chasses, soit à tir, soit à courre, à cor et à cris, dans chaque département.

Le délai de dix jours exigé par la loi pour que les arrêtés des préfets soint valables ne peut s'appliquer en cas de neige ; aussi la plupart de ces magistrats, en publiant l'arrêté d'ouverture de la chasse, déclarent-ils à l'avance que la chasse sera suspendue de droit toutes les fois que la terre sera couverte de neige.

Les préfets peuvent ouvrir d'abord la chasse dans un ou plusieurs arrondissements seulement, suivant l'état plus ou moins avancé des récoltes ; ils ne sont pas tenus de prendre leur arrêté pour tout le département à la fois, ni pour l'ouverture ni pour la fermeture.

Dans cette nouvelle rédaction de l'article 3 la loi nouvelle (24 janvier 1874) a substitué aux mots *l'époque de l'ouverture et de la clôture de la chasse* ceux-ci LES ÉPOQUES DES OUVERTURES ET DES CLOTURES DES CHASSES SOIT A TIR, SOIT A COURRE, A COR ET A CRIS.

Cette modification constitue donc pour les préfets le droit de déterminer des époques différentes pour les ouvertures et les fermetures des deux natures de chasse soit à tir, soit à courre, ou bien de les autoriser ou défendre simultanément. Ils peuvent ainsi ordonner la clôture de la chasse à tir et laisser la chasse à courre ouverte.

Quoique l'ouverture de la chasse soit prononcée, les maires peuvent par un arrêté en suspendre l'exercice dans les vignes de leur commune en vertu de la loi du 28 septembre 1791.

Les contraventions à ces arrêtés seraient du ressort des tribunaux de simple police et ne constitueraient pas un délit de chasse, à moins pourtant que cette contravention n'ait été faite sur le terrain d'autrui sans l'autorisation du propriétaire; dans ce cas le chasseur tombe sous l'application de l'article 11 de la loi sur la chasse.

L'administration depuis 1863 engage les préfets à se concerter chaque année afin d'arriver à ne former que trois zones d'ouverture des chasses, afin d'éviter l'agglomération des chasseurs dans un même département.

ART. 4. Dans chaque département, il est interdit de mettre en vente, de vendre, d'acheter, de transporter et de colporter du gibier pendant le temps où la chasse n'y est pas permise.

En cas d'infraction à cette disposition, le gibier sera saisi, et immédiatement livré à l'établissement de bienfaisance le plus voisin, en vertu soit d'une ordonnance du juge de paix, si la saisie a eu lieu au chef-lieu du canton, soit d'une autorisation du maire, si le juge de paix est absent, ou si la saisie a été faite dans une commune autre que celle du chef-lieu. Cette ordonnance ou cette autorisation sera délivrée sur la requête des agents ou gardes qui auront opéré la saisie, et sur la présentation du procès-verbal régulièrement dressé.

La recherche du gibier ne pourra être faite à domicile que chez les aubergistes, les marchands de comestibles et dans les lieux ouverts au public.

Il est interdit de prendre ou de détruire, sur le terrain d'autrui, des œufs et des couvées de faisans, de perdrix et de cailles.

Transporter du gibier d'un département où la chasse est permise dans un département où elle ne l'est pas, ou seulement traverser ce dernier département pour porter le gibier dans un département où la chasse est autorisée, constitue un délit.

Les lapins de garenne, quoique classés parmi les animaux nuisibles, sont toujours considérés comme gibier. Le transport du gibier vivant, en temps prohibé, constitue un délit, à moins que le détenteur ne prouve qu'il le destine à un repeuplement, et qu'il ne soit muni d'un permis délivré par le préfet.

Cette interdiction s'applique même aux propriétaires qui peuvent chasser chez eux toute l'année; ils sont obligés de manger dans l'intérieur de leurs habitations le gibier tué par eux pendant le temps où la chasse est prohibée.

L'interdiction ne s'étend pas au temps de neige, elle n'existe que pendant la clôture de la chasse.

La disposition qui interdit de prendre ou de détruire des œufs et des couvées de faisans, de perdrix et de cailles rend le délinquant passible d'une peine correctionnelle qui peut varier de 16 à 200 fr.

Art. 5. Les permis de chasse seront délivrés, sur l'avis du maire et du sous-préfet, par le préfet du département dans lequel celui qui en fera la demande aura sa résidence ou son domicile.

La délivrance des permis de chasse donnera lieu au payement d'un droit de quinze francs (15 francs) au profit de l'État, et de dix francs (10 francs) au profit de la commune dont le maire aura donné l'avis énoncé au paragraphe précédent.

Les permis de chasse seront personnels; ils seront valables pour tout le royaume et pour un an seulement.

Le permis de chasse étant personnel, ne doit jamais être prêté à un tiers, l'individu qui présenterait à un garde, sur sa réquisition, un faux permis, s'exposerait à être poursuivi au criminel en même temps qu'au correctionnel.

La durée du permis compte non du moment où l'on acquitte le droit de 25 fr., mais à partir du jour où le préfet a apposé sa signature; c'est-à-dire que s'il a été signé le 1er septembre par exemple, il sera valable jusqu'au 2 septembre suivant (Arrêt du 22 mars 1850).

Le jour de la délivrance ne devant pas être compris dans la durée de la jouissance.

Le décret du 13 avril 1861 sur la décentralisation a étendu aux sous-préfets la faculté de délivrer également le permis de chasse, ce qui peut apporter une bien plus grande célérité dans l'examen des demandes.

ART. 6. Le préfet pourra refuser le permis de chasse :

1° A tout individu majeur qui ne sera point personnellement inscrit, ou dont le père ou la mère ne serait pas inscrit au rôle des contributions :

2° A tout individu qui, par une condamnation judiciaire, a été privé de l'un ou de plusieurs des droits énumérés dans l'article 42 du Code pénal, autres que le droit de port d'armes ;

3° A tout condamné à un emprisonnement de plus de six mois pour rébellion ou violence envers les agents de l'autorité publique ;

4° A tout condamné pour délit d'association illicite, de fabrication, débit, distribution de poudre, armes ou autres munitions de guerre; de menaces écrites ou de menaces verbales avec ordre ou sous conditions; d'entraves à la circulation des grains; de dévastations d'arbres ou de récoltes sur pied, de plants venus naturellement ou faits de main d'homme ;

5° A ceux qui auront été condamnés pour vagabondage, mendicité, vol, escroquerie ou abus de confiance.

La faculté de refuser le permis de chasse aux condamnés dont il est question dans les paragraphes 3, 4 et 5, cessera cinq ans après l'expiration de la peine.

Les exceptions étant toutes prévues par la loi, le citoyen qui demande un permis de chasse en réunissant les conditions qu'elle exige, doit être assuré du succès. C'est à l'administration à rechercher les motifs sur lesquels elle peut fonder un refus de permis.

Art. 7. Le permis de chasse ne sera pas délivré :

1° Aux mineurs qui n'auront pas seize ans accomplis ;

2° Aux mineurs de seize à vingt et un ans, à moins que le permis ne soit demandé pour eux par leur père, mère, tuteur ou curateur, porté au rôle des contributions ;

3° Aux interdits ;

4° Aux gardes forestiers des communes et établissements publics, ainsi qu'aux gardes forestiers de l'État, et aux gardes-pêche.

La prohibition est formelle ; la loi n'admet pas de dispense d'âge ; seulement en cas de délit, les tribunaux ont le droit d'abaisser la peine, le délinquant étant censé manquer de discernement.

Le dernier paragraphe de cet article ne comprend pas les gardes particuliers, mais les maires feront bien de leur demander l'autorisation du propriétaire dont ils sont les agents.

Il ne faut pas confondre ici le droit de port d'armes avec le permis de chasse ; un garde qui porte un fusil pour sa défense personnelle n'en est pas moins tenu de respecter le gibier en toute circonstance ; et quand il manque à ce devoir, la peine qu'il encourt est portée au maximum. Les gardes particuliers peuvent seuls obtenir des permis de chasse avec l'autorisation des propriétaires.

Art. 8. Le permis de chasse ne sera pas accordé :

1° A ceux qui, par suite de condamnations, sont privés du droit de port d'armes ;

2° A ceux qui n'auront pas exécuté les condamnations prononcées contre eux pour l'un des délits prévus par la présente loi ;

3° A tout condamné placé sous la surveillance de la haute police.

Toute condamnation non subie par suite d'amnistie ou de remise de peine est regardée comme exécutée.

Si un préfet a délivré par erreur un permis à un individu auquel il aurait dû le refuser, ce permis sera valable, si on n'a pas employé de manœuvres frauduleuses pour l'obtenir.

Art. 9. Dans le temps où la chasse est ouverte, le permis donne à celui qui l'a obtenu le droit de chasser de jour, soit à tir, soit à courre, à cor et à cris, suivant les distinctions établies par les arrêtés préfectoraux, sur ses propres terres, et sur les terres d'autrui avec le consentement de celui à qui le droit de chasse appartient.

Tous les autres moyens de chasse, à l'exception des furets et des bourses destinés à prendre le lapin, sont formellement prohibés.

Néanmoins, les préfets des départements, sur l'avis des conseils généraux, prendront des arrêtés pour déterminer :

1° L'époque de la chasse des oiseaux de passage autres que la caille, la nomenclature des oiseaux,

et les modes et procédés de chaque chasse, pour
les diverses espèces;

2° Le temps pendant lequel il sera permis de
chasser le gibier d'eau, dans les marais, sur les
étangs, fleuves et rivières ;

3° Les espèces d'animaux malfaisants ou nuisibles que le propriétaire, possesseur ou fermier,
pourra en tout temps détruire sur ses terres, et
les conditions de l'exercice de ce droit, sans préjudice du droit appartenant au propriétaire ou au
fermier de repousser ou de détruire, même avec des
armes à feu, les bêtes fauves qui porteraient dom-
mage à ses propriétés.

Ils pourront prendre également des arrêtés :

1° Pour prévenir la destruction des oiseaux, ou
pour favoriser leur repeuplement;

2° Pour autoriser l'emploi des chiens lévriers
pour la destruction des animaux malfaisants ou
nuisibles ;

3° Pour interdire la chasse pendant le temps de
la neige.

Devant les termes formels de la loi, il est important
que les préfets expliquent bien, dans les arrêtés qu'ils
prennent à propos des chasses exceptionnelles, les modes de chasse qu'ils autorisent ; sans cela l'emploi de
tout engin autre que le fusil, le furet et les bourses, don-
nerait lieu à des procès-verbaux. Or, il est urgent que
les propriétaires et fermiers, rendus responsables par la
loi des dégâts commis sur les terres d'autrui par les animaux nuisibles, soient libres de les détruire en faisant
usage de moyens moins coûteux et plus à leur portée que
des fusils et des furets.

Le paragraphe 3 réserve, au sujet des bêtes fauves, le
droit de défense légitime appartenant à tout propriétaire,
et sa rédaction implique l'emploi de tout moyen de destruction, comme piéges, filets, etc., et même la dispense

du droit de port d'armes et de permis de chasse. N'est-il pas convenable que les préfets donnent aussi plus de facilités pour la destruction des bêtes puantes et nuisibles, dont les ravages sont plus considérables à cause de leur plus grand nombre ?

La durée du jour s'entend depuis le moment où l'aurore commence à poindre jusqu'aux dernières lueurs du crépuscule.

L'emploi du lévrier est interdit pour toute espèce de chasse, sauf dans les cas spécifiés par les préfets. — La rédaction de l'article permet également à ces magistrats de laisser la chasse libre en temps de neige.

Le miroir n'est qu'un accessoire de la chasse à tir, par conséquent la chasse au miroir est permise ; par *engins*, on entend des objets qui saisissent ou tuent le gibier sans que l'emploi du fusil soit nécessaire.

ART. 10. Des ordonnances royales détermineront la gratification qui sera accordée aux gardes et gendarmes rédacteurs de procès-verbaux ayant pour objet de constater les délits.

Voici le texte de l'ordonnance royale du 5 mai 1845, rendue à la suite de la promulgation de la loi :

ART. 1er. La gratification accordée aux gendarmes, gardes forestiers, gardes champêtres, gardes-pêche et gardes assermentés des particuliers, qui constateront des infractions à la loi du 3 mai 1844 sur la police de la chasse, est fixée ainsi qu'il suit :

8 fr. pour les délits prévus par l'article 11 ;

15 fr. pour les délits prévus par l'article 12 et l'article 13, § 1er ;

25 fr. pour les délits prévus par l'article 13, § 2.

ART. 2. La gratification est due pour chaque amende prononcée ; elle sera acquittée par les receveurs de l'enregistrement, suivant le mode actuel et les règles de la comptabilité ordinaire.

ART. 3. Les receveurs de l'enregistrement tiendront un compte spécial, par commune, du recouvrement des amendes pour infraction à la loi du 3 mai 1844 sur la police de la chasse ; ce compte sera réglé chaque année ;

après prélèvement des gratifications et de 5 p. 100 pour frais de régie, le produit restant des amendes recouvrées sera compté à la commune sur le territoire de laquelle l'infraction aura été commise.

En cas d'excédant de dépense à l'époque du règlement, il ne sera exercé aucun recours contre la commune; mais cet excédant sera reporté au compte ouvert pour l'année suivante, dans lequel il formera le premier article de dépense.

Les frais de poursuites tombés en non-valeurs seront remboursés conformément à l'article 6 de l'ordonnance du 30 décembre 1823.

Art. 4. Il ne pourra être alloué qu'une seule gratification, lors même que plusieurs agents auraient concouru à la rédaction du procès-verbal constatant le délit.

Nous rappelons, à la suite de cette ordonnance, l'article 177 du Code pénal, qui punit de la dégradation civique et d'une amende double de la valeur des choses reçues ou seulement agréées, sans que cette amende puisse être inférieure à 200 francs, tout fonctionnaire qui agrée des offres ou promesses, ou qui reçoit des dons ou présents pour faire un acte de ses fonctions non sujet à salaire, ou pour ne pas faire un acte qui entre dans l'ordre de ses devoirs.

Ainsi toute transaction entre un délinquant et un garde, ou un maire, ou un agent quelconque de l'autorité, pour éviter un procès-verbal, un rapport, une poursuite, tombe sous le coup de l'article 177 du Code pénal.

Art. 11. Seront punis d'une amende de seize à cent francs :

1° Ceux qui auront chassé sans permis de chasse ;

2° Ceux qui auront chassé sur le terrain d'autrui sans le consentement du propriétaire.

L'amende pourra être portée au double si le délit a été commis sur des terres non dépouillées de leurs fruits, ou s'il a été commis sur un terrain entouré d'une clôture continue faisant obstacle à toute communication avec les héritages voisins, mais non attenant à une habitation.

Pourra ne pas être considéré comme délit de chasse le fait du passage des chiens courants sur l'héritage d'autrui, lorsque ces chiens seront à la suite d'un gibier lancé sur la propriété de leurs maîtres, sauf l'action civile, s'il y a lieu, en cas de dénonciation.

3° Ceux qui auront contrevenu aux arrêtés des préfets concernant les oiseaux de passage, le gibier d'eau, la chasse en temps de neige, l'emploi des chiens lévriers, ou aux arrêtés concernant la destruction des oiseaux et celle des animaux nuisibles ou malfaisants ;

4° Ceux qui auront pris ou détruit, sur le terrain d'autrui, des œufs ou couvées de faisans, de perdrix ou de cailles ;

5° Les fermiers de la chasse, soit dans les bois soumis au régime forestier, soit sur les propriétés dont la chasse est louée au profit des communes ou établissements publics, qui auront contrevenu aux clauses et conditions de leur cahier des charges relatives à la chasse.

La chasse sur le terrain d'autrui sans le consentement du propriétaire ne peut être poursuivie d'office que lorsqu'il y a dénonciation. Dans toutes autres circonstances, c'est à la partie lésée à porter plainte.

Le fait du passage des chiens et chevaux sur le terrain d'autrui, pouvant être tout à fait indépendant de la volonté des chasseurs, tombent nécessairement sous l'appréciation des tribunaux, qui sont éclairés à cet égard par le procès-verbal du garde et les dépositions des témoins appelés contradictoirement.

Quand l'État afferme la chasse des grandes forêts qui lui appartient, il fixe ainsi qu'il suit le nombre de personnes que les fermiers peuvent s'adjoindre dans la jouissance de leur bail :

Une pour 300 hect. et au-dessous ; deux au-dessus de 300 hect. jusqu'à 600 ; trois au-dessus de 600 hect. jusqu'à 900 ; quatre au-dessus de 900 hect. jusqu'à 1,200 ; cinq au-dessus de 1,600 hect. jusqu'à 2,000 ; sept au-dessus de 2,000 hect. jusqu'à 3,000 ; huit au-dessus de 3,000 hect. Elles doivent être agréées par l'administration forestière et souscrire l'engagement de se conformer, comme le fermier lui-même, aux clauses du cahier des charges.

Les fermiers et cofermiers peuvent se faire accompagner chacun d'un ami.

Le fermier qui ne désignera pas de cofermier ou n'aura pas atteint le maximum ci-dessus indiqué pourra, quand il chassera, remplacer par deux amis chacun des cofermiers désignés.

Les cessions de bail ne peuvent avoir lieu qu'en vertu d'une autorisation du directeur général des forêts. Les substitutions de cofermiers ne peuvent être autorisées par le conservateur.

ART. 12. Seront punis d'une amende de cinquante à deux cents francs, et pourront en outre l'être d'un emprisonnement de six jours à deux mois :

1° Ceux qui auront chassé en temps prohibé ;

2° Ceux qui auront chassé pendant la nuit ou à l'aide d'engins et instruments prohibés, ou par d'autres moyens que ceux qui sont autorisés par l'article 9 ;

3° Ceux qui seront détenteurs ou ceux qui seront trouvés munis ou porteurs, hors de leur domicile, de filets, engins ou autres instruments de chasse prohibés ;

4° Ceux qui, en temps où la chasse est prohibée, auront mis en vente, vendu, acheté, transporté ou colporté du gibier ;

5° Ceux qui auront employé des drogues ou appâts qui sont de nature à enivrer le gibier ou à le détruire ;

6° Ceux qui auront chassé avec appeaux, appelants ou chanterelles.

Les peines déterminées par le présent article pourront être portées au double contre ceux qui auront chassé pendant la nuit sur le terrain d'autrui et par l'un des moyens spécifiés au paragraphe 2, si les chasseurs étaient munis d'une arme apparente ou cachée.

Les peines déterminées par l'article 11 et par le présent article seront toujours portées au maximum, lorsque les délits auront été commis par les gardes champêtres ou forestiers des communes, ainsi que par les gardes forestiers de l'État et des établissements publics.

ART. 13. Celui qui aura chassé sur le terrain d'autrui sans son consentement, si ce terrain est attenant à une maison habitée ou servant à l'habitation, et s'il est entouré d'une clôture continue faisant obstacle à toute communication avec les héritages voisins, sera puni d'une amende de cinquante à trois cents francs, et pourra l'être d'un emprisonnement de six jours à trois mois.

Si le délit a été commis pendant la nuit, le délinquant sera puni d'une amende de cent francs à mille francs, et pourra l'être d'un emprisonnement de trois mois à deux ans, sans préjudice, dans l'un ou l'autre cas, s'il y a lieu, de plus fortes peines prononcées par le Code pénal.

ART. 14. Les peines déterminées par les trois articles qui précèdent pourront être portées au double si le délinquant était en état de récidive, et s'il était déguisé ou masqué ; s'il a pris un faux nom, s'il a usé de violence envers les personnes, ou s'il a fait des menaces ; sans préjudice, s'il y a lieu, de plus fortes peines prononcées par la loi.

Lorsqu'il y aura récidive dans les cas prévus par l'article 11, la peine de l'emprisonnement de six jours à trois mois pourra être appliquée si le délinquant n'a pas satisfait aux condamnations précédentes.

Art. 15. Il y a récidive lorsque, dans les douze mois qui ont précédé l'infraction, le délinquant a été condamné en vertu de la présente loi.

Art. 16. Tout jugement de condamnation prononcera la confiscation des filets, engins et autres instruments défendus. Il ordonnera, en outre, la destruction des instruments de chasse prohibés.

Il prononcera également la confiscation des armes, excepté dans le cas où le délit aura été commis par un individu muni d'un permis de chasse, dans le temps où la chasse est autorisée.

Si les armes, filets, engins ou autres instruments de chasse, n'ont pas été saisis, le délinquant sera condamné à les représenter ou à en payer la valeur, suivant la fixation qui en sera faite par le jugement, sans qu'elle puisse être au-dessous de cinquante francs.

Les armes, engins, ou autres instruments de chasse, abandonnés par les délinquants restés inconnus, seront saisis et déposés au greffe du tribunal compétent. La confiscation et, s'il y a lieu, la destruction, en seront ordonnées sur le vu du procès-verbal.

Dans tous les cas, la quotité des dommages-intérêts est laissée à l'appréciation des tribunaux.

Voici l'observation faite au sujet de cet article par le ministre de la justice dans la circulaire explicative envoyée aux chefs des parquets à la suite de la promulgation de la loi:

« La peine de la confiscation qu'il prononce ne doit

pas être une peine illusoire. Pour qu'elle soit efficace, il faut que les armes et les instruments du délit qui seront déposés au greffe par suite de la confiscation ne soient pas des fusils hors de service, des instruments qui n'ont pas pu être employés à commettre le délit. Les agents chargés de verbaliser, en matière de chasse, devront être invités à désigner aussi exactement que possible les armes et les autres instruments dont les délinquants auront été trouvés porteurs, et les substituts devront veiller à ce que les jugements qui auront ordonné la confiscation et le dépôt au greffe des objets décrits soient strictement exécutés. »

— La cour de Rennes a jugé, le 1er février 1845, que la détention d'engins prohibés, sans aucune circonstance extérieure propre à en révéler l'existence au domicile du détenteur, tout en constituant aux yeux de la loi un délit permanent, ne donnait pas le droit au procureur du roi de requérir la gendarmerie pour en faire la perquisition à domicile, et que les procès-verbaux dressés dans ce cas par les gendarmes ne pouvaient servir de base à des poursuites correctionnelles.

Un arrêt précédent avait même été plus loin en déclarant que la détention déjà ancienne de filets prohibés ne constituait pas un délit dès que rien ne prouvait que l'inculpé s'en servit pour chasser ou pour braconner.

Dans tous les cas, on ne comprendrait pas que le propriétaire d'un domaine étendu, attenant à l'habitation et parfaitement clos, n'eût pas le droit d'avoir chez lui, et d'employer à la prise du gibier qu'il possède dans sa terre et dans ses eaux, des engins que la loi prohibe partout ailleurs.

ART. 17. En cas de conviction de plusieurs délits prévus par la présente loi, par le Code pénal ordinaire ou par les lois spéciales, la peine la plus forte sera seule prononcée.

Les peines encourues pour des faits postérieurs à la déclaration du procès-verbal de contravention pourront être cumulées, s'il y a lieu, sans préjudice des peines de la récidive.

Art. 18. En cas de condamnation pour les délits prévus par la présente loi, les tribunaux pourront priver le délinquant du droit d'obtenir un permis de chasse pour un temps qui n'excèdera pas cinq ans.

Art. 19. La gratification mentionnée en l'article 10 sera prélevée sur le produit des amendes.

Le surplus desdites amendes sera attribué aux communes sur le territoire desquelles les infractions auront été commises.

Art. 20. L'article 463 du Code pénal ne sera pas applicable aux délits prévus par la présente loi.

Art. 21. Les délits prévus par la présente loi seront prouvés soit par procès-verbaux ou rapports, soit par témoins, à défaut de rapports et procès-verbaux, ou à leur appui.

Art. 22. Les procès-verbaux des maires et adjoints, commissaires de police, officiers, maréchal des logis ou brigadier de gendarmerie, gendarmes, gardes forestiers, gardes-pêche, gardes champêtres, ou gardes assermentés des particuliers, feront foi jusqu'à preuve contraire.

Art. 23. Les procès-verbaux des employés des contributions indirectes et des octrois feront également foi jusqu'à preuve du contraire, lorsque, dans la limite de leurs attributions respectives, ces agents rechercheront et constateront les délits prévus par le paragraphe 1ᵉʳ de l'article 4.

La loi n'admet les procès-verbaux des employés des contributions indirectes et des octrois que dans la limite de leurs attributions respectives; un aubergiste qui a pris un abonnement avec l'administration, étant par cela même dispensé de la visite des employés de l'octroi, peut leur refuser l'entrée de son domicile pour la recherche du gibier qu'il serait supposé posséder en temps prohibé.

Art. 24. Dans les vingt-quatre heures du délit, les procès-verbaux des gardes seront, à peine de nullité, affirmés par les rédacteurs devant le juge de paix ou l'un de ses suppléants, ou devant le maire ou l'adjoint soit de la commune de leur résidence, soit de celle où le délit aura été commis.

Art. 25. Les délinquants ne pourront être saisis ni désarmés ; néanmoins, s'ils sont déguisés ou masqués, s'ils refusent de faire connaître leurs noms, ou s'ils n'ont pas de domicile connu, ils seront conduits immédiatement devant le maire ou le juge de paix, lequel s'assurera de leur individualité.

Art. 26. Tous les délits prévus par la présente loi seront poursuivis d'office par le ministère public, sans préjudice du droit conféré aux parties lésées par l'article 182 du Code d'instruction criminelle.

Néanmoins dans le cas de chasse sur le terrain d'autrui sans le consentement du propriétaire, la poursuite d'office ne pourra être exercée par le ministère public, sans une plainte de la partie intéressée, qu'autant que le délit aura été commis dans un terrain clos, suivant les termes de l'article 2, et attenant à une habitation, ou sur des terres non encore dépouillées de leurs fruits.

Art. 27. Ceux qui auront commis conjointement les délits de chasse seront condamnés solidairement aux amendes, dommages-intérêts et frais.

La solidarité n'empêche pas qu'il y ait autant de délits qu'il y a de délinquants, mais chacun d'eux doit être désigné au procès-verbal.

Il n'y a d'exempts de poursuites que les traqueurs non armés, qui, étant considérés comme des instruments, comme des annexes à la meute, n'ont pas besoin de permis de chasse (C. de Paris, 26 avril 1845).

Il n'en est pas de même du piqueur. La Cour de cassation (18 juillet 1846) a décidé qu'il est soumis à toutes les obligations du chasseur, et que, si, lors d'une chasse organisée par son maître, il viole la propriété d'autrui en suivant ses chiens poursuivant le gibier, il commet un délit de chasse, et doit être condamné à ce titre, sans préjudice des dommages-intérêts dus par le propriétaire des chiens.

Art. 28. Le père, la mère, le tuteur, les maîtres et commettants sont civilement responsables des délits de chasse commis par leurs enfants mineurs non mariés, pupilles demeurant avec eux, domestiques ou préposés, sauf tout recours de droit.

Cette responsabilité sera réglée conformément à l'article 1384 du Code civil, et ne s'appliquera qu'aux dommages-intérêts et frais, sans pouvoir, toutefois, donner lieu à la contrainte par corps.

Art. 29. Toute action relative aux délits prévus par la présente loi sera prescrite par le laps de trois mois à compter du jour du délit.

La prescription se compte de quantième à quantième, et non par la révolution de trois fois trente jours. Ainsi, le délit de chasse commis le 23 août peut encore être poursuivi le 22 novembre de la même année, bien que l'intervalle compris entre les deux dates dépasse quatre-vingt-dix jours.

Art. 30. Les dispositions de la présente loi relatives à l'exercice du droit de chasse ne sont pas applicables aux propriétés de la couronne. Ceux qui commettraient des délits de chasse dans ces propriétés seront poursuivis et punis conformément aux sections II et III.

Art. 31. Le décret du 4 mai 1812 et la loi du 30 avril 1790 sont abrogés.

Sont et demeurent également abrogés les lois,

arrêtés, décrets et ordonnances intervenus sur les matières réglées par la présente loi, en tout ce qui est contraire à ces dispositions.

FIN
DE LA LOI SUR LA CHASSE.

MODÈLES DE PROCÈS-VERBAUX

POUR DÉLITS DE CHASSE.

« L'an mil huit cent ... le..... jour du mois de... vers les six heures du matin... (ou telle autre heure de la journée), je... garde (désigner le grade, la circonscription qui est confiée à sa surveillance)... demeurant à... soussigné, certifie que, parcourant ladite plaine pour faire le devoir de ma charge, j'aurais aperçu le nommé .., habitant..., lequel, avec un fusil et deux chiens courants, chassait dans l'arrondissement de... sur les reins de la forêt de... dans les blés récemment coupés, et d'autant qu'il n'a point qualité requise, je me serais approché de lui et lui aurais fait commandement de me remettre le fusil qu'il portait ; ce qu'ayant refusé de faire, je l'aurais établi séquestre dudit fusil, et donné assignation au premier jour d'audience, qui sera le... courant, par-devant, etc... pour se voir condamner aux peines fixées par la loi ; et en foi de ce, j'ai signé le présent. »

PROCÈS-VERBAL POUR DÉLIT DE CHASSE.

Ce jourd'hui, quinze octobre mil huit cent soixante-quatorze, moi, Simon Thomas, garde champêtre de la commune de Bennecourt, canton de..., arrondissement de..., département de..., dûment assermenté et revêtu de la marque distinctive prescrite par la loi, ai, faisant ma tournée, entendu vers six heures du matin un coup de fusil. M'étant à l'instant dirigé vers l'endroit d'où il partait, j'ai aperçu dans un champ ensemencé, situé au lieu dit : *en Maze*, et appartenant au sieur Pierre Leroy, un individu porteur d'un fusil à deux coups (*indiquer la taille et le vêtement de l'individu*), accompagné d'un chien, qui chassait. M'étant approché et lui ayant demandé son port d'armes, il m'a répondu..... Lui ayant fait observer qu'il était défendu de chasser sans permission sur les terres d'autrui, je l'ai sommé de dire son nom et sa demeure, ce à quoi il s'est refusé. Je l'ai ensuite sommé de me suivre chez le maire, ce à quoi il s'est de même refusé. Je lui ai alors déclaré que j'allais dresser procès-verbal contre lui, et j'ai de suite rédigé le présent, pour servir et valoir ce que de raison.

A Bennecourt, les jour et an susdits.

Le Garde champêtre.

N***.

AUTRE PROCÈS-VERBAL POUR DÉLIT DE CHASSE.

Ce jourd'hui, dix mai de l'an mil huit cent soixante-quinze, six heures du matin, moi, Pierre Lerond, garde champêtre de la commune de Neuville, arrondissement de..., canton de..., dûment assermenté et revêtu de la marque distinctive prescrite par la loi, ai aperçu, dans une pièce de terre lieu dit : *en Marquefontaine*, et appartenant au sieur Jean Letellier, un individu armé d'un fusil et chassant avec un chien : m'étant approché de lui, je lui ai demandé la représentation de son port d'armes, lui faisant observer qu'il chassait en temps prohibé. Il m'a répondu qu'il était parent du propriétaire, et qu'il avait la permission de chasser sur ses terres. Lui ayant dit que dans cette saison la loi défendait de chasser même dans ses propriétés non encloses, je lui ai déclaré qu'il était en contravention et que j'allais rédiger un procès-verbal. Ce que j'ai fait, pour servir et valoir ce que de raison.

Le Garde champêtre de la commune de Neuville,

PIERRE LEROND.

A..., les jour et an ci-dessus.

Tout propriétaire, colon ou fermier, a le droit d'avoir un garde champêtre pour la conservation de ses récoltes, mais il n'aura le caractère d'officier de police judiciaire que s'il a été agréé par le conseil municipal et confirmé par le sous-préfet de l'arrondissement. Il devra prêter serment devant le tribunal de première instance.

Les gardes forestiers particuliers doivent être agréés par le sous-préfet de l'arrondissement et prêter serment.

Tous les gardes pourront, sur ces modèles, dresser toutes sortes de rapports verbaux ou exploits ; ils doivent seulement s'attacher à circonstancier le jour, l'heure et le lieu où le délit a été commis, l'espèce et la nature du délit, dont le jugement dépend absolument du rapport qu'ils rédigent. Il leur importe donc d'exposer la vérité sans aucun déguisement, sans diminution ni exagération, et de mentionner surtout, dans leur rapport, généralement tout ce qu'ils auront fait et vu.

Les gardes ne sont pas toujours tenus de donner copie de leurs procès-verbaux, parce qu'ils n'ont souvent ni la commodité ni le temps de les dresser, et que les délinquants n'attendent pas qu'on leur remette l'exploit qui les assigne. Il suffit donc que le garde leur dise verbalement ce qu'il a intention de faire savoir. Mais aussi, lorsqu'il établit d'autres séquestres aux choses qu'il saisit, il ne doit pas manquer de leur donner copie de son procès-verbal, et mentionner, dans l'original, qu'il en a donné copie, parce qu'il faut agir à leur égard d'une manière différente de celle dont on use à l'égard des délinquants pris en flagrant délit.

Pour la régularité d'un procès-verbal la loi exige l'accomplissement de quatre formalités essentielles.

1° (art 22 et 23) Qu'il soit signé par celui qui avait qualité pour le dresser ;

2° (art 24) Qu'il soit affirmé dans les vingt-quatre heures de sa rédaction.

3° Que si le garde ne l'a pas écrit lui-même, il faut qu'en recevant sa déclaration l'officier administratif ou militaire constate qu'il en a été donné lecture au déclarant ;

4° Dans les quatre jours de sa date le procès-verbal doit être enregistré sous peine de 5.50 d'amende.

Chaque fois que l'une des trois premières formalités n'aura pas été remplie, il y a *nullité*.

CHAPITRE II

Quelques auteurs s'étendent longuement sur le cheval de chasse ; or, il n'en est pas du cheval comme du chien : celui-ci est né chasseur parce qu'il est né carnivore, et l'homme a su, par l'éducation qu'il lui donne, développer ses qualités naturelles pour s'en approprier les avantages ; mais le cheval, herbivore inoffensif, n'a, dans l'exercice de la chasse, qu'à obéir à son cavalier ; néanmoins, porté par son instinct à partager, ainsi que le chien, toutes les impressions, tous les désirs de son maître, il s'anime à la chasse aussi bien qu'à la bataille ; il redouble alors de vitesse, de souplesse et d'intelligence pour contribuer au succès, et meurt, s'il le faut, d'épuisement plutôt que d'abandonner la partie.

Nous ne nous occuperons pas de ce bel animal au point de vue spécial de la chasse, pour laquelle il n'est pas un instrument nécessaire ; nous nous contenterons de dire que le meilleur pour cet exercice est évidemment, entre les chevaux de selle bien dressés, le plus léger, le plus nerveux, le plus sobre et le plus dur à la fatigue.

C'est le chien qui est l'indispensable compagnon du chasseur. La finesse de son odorat, la sagacité de son instinct, la souplesse de ses mouvements, la rapidité de sa course, l'ardeur qu'il apporte à la recherche et à la poursuite du gibier, les qualités diverses de ces races multiples si diversement croisées, en font, outre sa fidélité bien connue, un animal précieux sans lequel l'homme qui n'est plus à l'état sauvage ferait triste figure, le fusil à la main, au milieu des bois ou des plaines. Combien de fois verrait-il le lièvre ou la perdrix lui partir sous le nez avant d'avoir le temps de se mettre en garde, ou plutôt combien de fois passerait-il près du gibier, blotti dans son gîte, sans se douter de sa présence?

Nous allons passer en revue les principales espèces de chiens de chasse, et parler des soins qu'ils exigent pour leur éducation ainsi que pour l'entretien de leur santé.

Remarquons d'abord l'extrême facilité avec laquelle les races de chiens les plus diverses se croisent et se multiplient sans qu'il en résulte jamais de stérilité pour les rejetons, de sorte qu'il se produit continuellement des mélanges où les qualités et les défauts des ascendants peuvent se distinguer dans des proportions tout à fait en rapport avec les croisements antérieurs. De là viennent, dans les mêmes espèces, des différences de taille telles, qu'on voit, par exemple, des épagneuls ou des lévriers d'un mètre de haut, et des king-charles ou des levrettes à cacher dans un manchon.

On arriverait peut-être, par la même raison, avec du temps et de grands soins, grâce à des accouplements bien calculés, à reconstituer les races primitives ; mais il n'en est pas moins vrai que les races pures sont devenues très-rares, et tout ce qu'on peut espérer, quand on achète un jeune chien, c'est de l'obtenir le plus approchant possible de la race qu'on désire posséder.

Tous les chiens étant nés chasseurs, il n'est pas une espèce qu'on ne puisse dresser à rendre des services ; mais les qualités qu'on recherche étant surtout la finesse de l'odorat, la vitesse et l'obéissance, il est clair qu'on donne toujours la préférence aux animaux qui ont le nez gros et les narines bien fendues, la jambe souple, les flancs évidés et le caractère docile. — Ainsi les dogues, les mâtins, les grands danois, sont bons chasseurs, mais on les emploie rarement à cause de leur naturel féroce ; la vue du sang les exalte, et à l'occasion ils se jetteraient aussi bien sur leur maître que sur le gibier, qu'ils mettent presque toujours en pièces quand ils consentent à le rapporter et à ne pas le dévorer sur place.

Les chiens de chasse se divisent surtout en deux espèces générales : les chiens courants et les chiens couchants ou d'arrêt.

Le chien courant ne s'emploie guère que dans les grandes chasses, pour former les meutes, devenues si rares en France depuis le morcellement des propriétés ; les lords anglais en ont presque seuls conservé l'usage, ainsi que les princes allemands. La race de ces chiens ayant été mélangée comme toutes les autres, nous ne pouvons qu'indiquer les caractères auxquels les chasseurs reconnaissent un beau et bon chien courant.

On compte trois sortes principales de chiens courants : les français, les normands ou baubis, et les anglais.

Tous ont les jambes grandes et fortes, le corps robuste et allongé, le poil ras, presque toujours blanchâtre et tacheté de fauve ou de noir, la tête grosse

et ronde, les oreilles longues et pendantes, la queue longue et recourbée en avant.

Les premiers sont remarquables par leurs belles oreilles ; ils ont le museau en pointe, l'œil grand et plein de feu, les épaules souples, la jambe bien formée, les reins courts, larges et nerveux, le flanc décharné.

Le chien normand a le corsage plus épais, la tête plus courte et les oreilles moins longues.

Le chien anglais a la tête plus fine, le museau plus effilé, la taille plus légère et les pieds mieux faits ; aussi l'emporte-t-il sur toutes les autres par la rapidité de sa course, et si on le mettait dans une meute avec les autres espèces, celles-ci ne pourraient le suivre.

Il y a encore le lévrier, grand, élancé, de proportions fines et élégantes; il ne brille pas par la sûreté de son nez, mais par l'extrême vélocité de ses jambes, qui lui permettent d'atteindre infailliblement et en peu de temps la plupart des hôtes des forêts dès qu'ils sont obligés de gagner la plaine; aussi la loi française de 1844 en a-t-elle formellement prohibé l'emploi, tant qu'elle a eu pour but d'arrêter la destruction complète du gibier. Les préfets seuls, dans quelques cas spéciaux où ces chiens paraîtraient indispensables pour la chasse des animaux nuisibles, peuvent en autoriser momentanément l'usage.

On reproche au lévrier son peu de fidélité, car en dehors de la chasse il est très-recherché, surtout dans les petites espèces, à cause de sa gentillesse et de sa douceur; mais il faut lui attribuer ce défaut moins à son caractère qu'à l'infériorité de son odorat, qui l'expose à perdre souvent la trace de son maître et à se fourvoyer, surtout dans les grandes villes.

Les chiens dépisteurs et d'arrêt sont bien plus nombreux que les chiens courants, car tout chasseur en a besoin; aussi en existe-t-il bien des variétés, suite de croisements multipliés, qui ont en général pour origine les trois genres nommés *braque*, *épagneul* et *griffon*.

Le braque français est le chien de chasse le plus usité en France; son poil est ras, plus fin sur la tête que sur le reste du corps, le plus souvent blanc, moucheté de brun ou de noir; sa robe, au reste, revêt presque toutes les nuances du blanc, du fauve et du brun, mélangées de taches de couleur tranchée qui sont les signes caractéristiques de l'espèce.

2.

Ces chiens sont vigoureux, bien faits, ornés de belles oreilles, intelligents, attentifs à la voix du maître, habiles à démêler les ruses du gibier, qu'ils suivent pas à pas, en silence, toujours sous le vent, jusqu'à ce que la force des émanations les porte à s'arrêter subitement. Alors les uns se couchent à terre, les autres restent droits, la patte levée ; mais tous deviennent immobiles, les oreilles droites, la narine dilatée, l'œil fixe et ardent dirigé sur le gi-

bier, qu'ils fascinent et mettent ainsi à la merci du chasseur, si celui-ci a le coup d'œil juste, le pied leste et la main ferme.

Le bon chien d'arrêt ne doit pas bouger au coup de fusil ; quand il a pris vis-à-vis du gibier la position que nous venons de décrire, il attend, pour reprendre son allure ordinaire, que le coup de feu soit parti et la bête atteinte ou en fuite.

Plusieurs chiens, au moment de l'arrêt, aboient d'une façon particulière, mais c'est un défaut plutôt qu'une qualité ; tout ce qui peut précipiter le départ du gibier avant que le chasseur soit en mesure de tirer est évidemment nuisible.

Il y a le braque anglais, d'origine espagnole, que

nos voisins appellent *pointer*, qui a beaucoup de
vogue depuis plusieurs années; l'élégance de sa
forme et la grande finesse de son odorat le re-
commandent en effet; mais par son allure trop pré-
cipitée, par la trop grande avance qu'il prend sur
le chasseur, il fait souvent partir le gibier hors de
portée; c'est un inconvénient si grave que beaucoup d'excellents tireurs ont renoncé à employer
ce bel animal.

On dit beaucoup de bien d'une autre variété connue

sous le nom de *chiens orangés*, parce qu'ils sont
généralement marqués de taches jaunes ou fauves
sur fond blanc ou de taches blanches sur fond
fauve. Moins élancés et moins vagabonds que le
pointer, aussi dociles que le braque français, ils réu-
niraient les qualités des deux espèces; nous avons
rencontré de beaux échantillons de cette race,
qu'on dit amenés d'Irlande, mais, n'ayant pas eu
lieu de les voir à l'œuvre, nous ne pouvons en porter de jugement.

L'*épagneul* (espagnol), dont le nom indique l'o-
rigine, est très-anciennement répandu dans toute
l'Europe, où il est préféré au braque par un
grand nombre d'amateurs à cause de la beauté de
sa fourrure et de la douceur de son caractère;
mais il est beaucoup moins résistant à la fatigue.

On comprend que l'épaisseur de ses poils longs et soyeux le rende très-sensible à la chaleur ; il compense, il est vrai, ce désavantage par sa facilité à se jeter à l'eau et à pénétrer dans les broussailles, où il est garanti par sa fourrure.

L'épagneul de grande taille atteint à peu près les dimensions du braque et lui ressemble assez pour la couleur de la robe ; mais il en diffère essentiellement par son poil, si beau quand il est bien soigné, ses formes plus gracieuses, ses oreilles plus pendantes, et sa queue plus longue et plus fourrée.

On a beaucoup plus de peine à tomber d'accord sur cette grande question : Faut-il couper la queue d'un chien de chasse, ou faut-il la laisser dans toute sa longueur ? Comme il y a peu de vérités absolues dans ce monde sujet à l'erreur et à la controverse, nous répondrons par ce simple raisonnement : Une queue trop longue est sans doute un inconvénient quand le chien est mal dressé, car en battant les broussailles et les vignes elle fait partir le gibier avant que l'arrêt soit bien dessiné ; mais si le chien a une queue bien proportionnée et surtout s'il sait la porter, ce qui est affaire d'éducation, la mutilation est inutile.

En résumé, il vaut toujours mieux respecter ce que la nature a créé ; mais si un jeune chien qu'on élève pour la chasse paraît avoir décidément une queue embarrassante, nous ne pouvons blâmer qu'on la diminue avant qu'il puisse en éprouver une grande souffrance. Quand on se décide à cette opération, il faut aussitôt l'amputation terminée, brûler la plaie avec un fer rougi au feu.

Quant aux assertions de certains chasseurs, qui prétendent que le chien de chasse indique parfai-

tement chaque sorte de gibier par un mouvement
spécial de la queue, et le nombre des pièces qu'il
tient en arrêt par un nombre égal d'aboiements ou
de mouvements de tête, nous ne les admettons
qu'avec restriction ; c'est-à-dire qu'un chien peut
avoir en effet telle ou telle habitude, à laquelle son
maître ne se trompe guère, quand il tient en arrêt
telle ou telle pièce de gibier ou un certain nombre
de perdrix, par exemple ; car le besoin de maintenir celles-ci en place le porte naturellement à les
fasciner de son regard chacune à leur tour ; mais

c'est aller trop loin que de prétendre faire de ces
mouvements de tête ou de queue particuliers à chaque chien un genre de langage commun à toute
l'espèce. A moins qu'on n'ait des chiens savants,
très-avancés en arithmétique et en géométrie, nous
doutons fort de l'exactitude de pareilles observations. Nous accordons pourtant ceci, c'est qu'en
général un chasseur distingue, aux allures de son
chien, à quel gibier il a affaire.

Nous avons dit que les épagneuls étaient surtout
aimés pour la beauté de leur robe et la douceur
de leur caractère ; nous ajouterons qu'ils sont aussi
les favoris des dames à cause de la petitesse de leur
taille dans quelques espèces croisées ; les *pyrames*,

les *gredins*, les *king-charles*, sont des épagneuls
doués, comme ceux de grande taille, de presque
toutes les qualités des chiens de chasse, et qu'on

pourrait au besoin employer à la chasse aux oiseaux ; mais ils restent ordinairement dans les
salons.

Le *griffon* n'est pas un bel animal comme l'épa-

gneul ; il a l'air inculte, rébarbatif avec ses moustaches qui lui cachent la gueule, ses longs poils qui
lui reviennent sur les yeux, sa robe jaunâtre ou
d'un blanc sale tacheté de brun ; mais il est cou-

rageux, fidèle, infatigable, excellent pour aller à l'eau, barboter dans les marais, pénétrer dans les fourrés les plus inextricables. Si vous joignez à cela l'intelligence et la finesse d'odorat dont il est doué comme le braque et l'épagneul, vous aurez une bête parfaite; malheureusement ni bêtes ni gens ne peuvent être sans défaut, et le griffon passe pour être très-difficile à dresser. C'est pourtant une réputation que notre propre expérience ne nous permet pas de confirmer; nous avons toujours réussi à dompter les griffons, grâce à un mélange bien entendu de douceur et de sévérité, et nous avons trouvé en eux des compagnons de chasse excellents et dévoués.

Le *barbet*, qui sous le nom de caniche fait encore la passion des amateurs de chiens malgré la vogue des épagneuls, est connu pour sa rare intelligence et l'attachement qu'il porte à son maître; il est remarquable par sa tête arrondie et sa toison frisée assez semblable à celle des moutons. Ses principaux mérites comme chasseur sont d'aller facilement à l'eau et de rapporter avec beaucoup de fidélité; aussi l'emploie-t-on avec avantage en même temps que le chien d'arrêt proprement dit.

Le *basset* n'est certes pas le plus beau des chiens de chasse, surtout celui à jambes torses ; mais nul autre ne peut le remplacer pour la chasse aux renards, aux lapins, et en général pour les bêtes à terrier. Très-bas sur jambes, doué d'un nez exquis, le corps allongé, le poil roux se confondant avec la couleur du sol, il a tout ce qu'il faut pour pénétrer au fond des terriers, en chasser les hôtes et les pousser sous le fusil du chasseur ou dans les filets préparés aux issues.

On ne sait par suite de quel croisement est venue l'espèce aux jambes torses; mais cette conformation semble plus appropriée encore à la besogne que l'on demande à ces animaux intelligents, et beau-

coup de chasseurs le préfèrent, malgré leur apparence difforme.

ÉDUCATION.

L'éducation et la cohabitation avec l'homme modifient considérablement les animaux. Venir de bonne race, tant du côté du père que du côté de la mère, est une première condition de succès; la fréquentation aussi est à considérer pour les jeunes animaux comme pour les jeunes gens; l'esprit d'imitation parmi les bêtes, autres que les singes, est plus fort qu'on ne le pense généralement, et elles prennent facilement de bonnes ou de mauvaises habitudes dans la société de leurs semblables. Il y a de curieux exemples de ce que peuvent les conseils pervers de chiens mal élevés sur des sujets qui jusque-là n'avaient point de vices sérieux, car les animaux ont certainement des moyens à eux seuls connus de se communiquer leurs pensées. Qu'on ne nous reproche pas de profaner ce mot de *pensée*; nous entendons des pensées de bêtes, et non des pensées comme en avaient Pascal, Bossuet ou Fénelon.

L'éducation d'un chien qui doit avoir l'honneur de seconder son maître dans ses expéditions est donc d'une grande importance pour le chasseur, et celui-ci fera fort bien de n'en confier le soin qu'à lui-même. Commençons par la description physique et l'hygiène.

La chienne, n'importe de quelle race, porte environ deux mois; elle peut mettre bas à la fois jusqu'à douze petits, mais ordinairement cela varie de trois à six. Les petits viennent avec une grande partie de leurs dents et ont les yeux fermés pendant dix à douze jours. Au bout de quatre mois, ils perdent leurs premières dents, qui sont remplacées presque toujours par 42 dents définitives, savoir : 12 incisives et 4 crochets ou canines, se partageant également dans le haut et le bas de la mâchoire, et 26 mâchelières, dont 14 en haut et 12 en bas ; le nombre des mâchelières varie chez quelques animaux.

La croissance du chien est complète à deux ans, et la durée de sa vie ne s'étend guère au delà de vingt années ; la vieillesse commence vers douze ans. Ce sont les dents et le poil qui servent à reconnaître l'âge du chien comme celui du cheval : quand il est jeune, les dents sont blanches et acérées ; avec le temps les parties saillantes s'égalisent, et vers six ans on ne reconnaît plus l'espèce de *fleur de lis* formée par les pointes et les saillants de chaque incisive ; plus tard elles jaunissent jusqu'à devenir à peu près noires ; elles diminuent inégalement et perdent leur forme tranchante.

Le poil subit des transformations analogues : fin, abondant et brillant dans les premières années, il devient rude, rare et terne dans la vieillesse ; et, de même que chez l'homme, c'est le poil de la tête, autour des yeux et sur le front, qui blanchit le premier.

Le chasseur qui n'a qu'un chien ou deux fera bien de les nourrir comme lui-même, c'est-à-dire avec les dessertes de la table, en y ajoutant des soupes faites avec des restes de pain, de la pomme de terre et un peu de graisse.

Quand il s'agit d'une meute, dont la dépense serait considérable s'il fallait la nourrir comme l'homme, on emploie surtout la pomme de terre mélangée de farine d'orge ou d'une petite portion de pain de cretons ou marc de suif dans la proportion d'un dixième environ; le tout, bien cuit et servi tiède pour ne pas gâter l'odorat des chiens, constitue une bonne nourriture; mais encore faut-il la varier le plus souvent possible avec du pain d'orge ou de froment, de la gélatine, quelques débris de viande, etc.

Il est bon que des chiens destinés à la chasse ne perdent pas complétement le goût de la chair, de même qu'il serait dangereux de leur en donner l'habitude; dans le premier cas, ils seraient moins ardents à la poursuite du gibier; dans le second, ils pourraient bien le dévorer au lieu de le rapporter.

L'eau fraîche et pure pour boisson, des bains nombreux, le fréquent emploi du peigne, et la plus grande propreté dans le chenil, qui doit être à l'abri de l'humidité, sont des conditions de santé indispensables; le grand air et l'exercice ne le sont pas moins. Il faut prendre soin quand l'époque de la chasse est passée, de sortir avec son chien et de le laisser gambader à l'aise en pleine campagne; il échappera ainsi plus facilement aux maladies, conservera son nez et sa vivacité pour la saison suivante, et sera plus attaché à son maître.

On sait qu'au moment où la seconde dentition se termine, les chiens sont ordinairement atteints d'une maladie particulière, souvent mortelle, qui s'annonce par des symptômes assez répugnants : l'humeur leur coule du nez et des yeux et les rend aveugles ; la diarrhée s'augmente chaque jour, une bave écumeuse s'échappe de leur gueule ; l'animal dépérit à vue d'œil s'il ne s'opère pas une réaction favorable. Cependant l'art vétérinaire vient maintenant à bout de ce mal sans trop de difficulté, et on peut le prévenir avec quelques soins. Ainsi, faites de temps à autre avaler au jeune chien de la manne dans du lait, en diminuant la dose de la nourriture ; mélangez un peu de magnésie dans sa soupe, saupoudrez de fleur de soufre les autres aliments, et si, malgré cela, la maladie se déclare, ayez recours, selon la gravité du cas, à des sétons piqués sur la nuque, au sirop de nerprun à forte dose, au kermès et à l'émétique pour dégager l'estomac, qui est le vrai siége du mal. Quelquefois la saignée est utile pour abattre l'irritation générale, et quand on remarque des accidents nerveux comme chez les enfants, il faut les combattre par des antispasmodiques à faible dose.

Quand on a plusieurs chiens, il est important de séparer de suite celui qui est malade, car cette affection est contagieuse.

Nous n'entrerons pas dans le détail de toutes les maladies qui attaquent l'espèce canine, et dont la principale, la rage, n'a point encore de remède connu ; aussi, quel que soit l'attachement que l'on ait pour son chien, dès que les symptômes du fléau paraissent, il ne faut pas hésiter : on doit abattre l'animal pour éviter de plus grands malheurs.

Ce n'est pas l'horreur des liquides, comme on le

croit généralement, qui est le principal symptôme de la rage ; on a vu des chiens enragés boire des jattes de lait, laper leur urine, traverser des rivières ; la répugnance qu'ils paraissent éprouver pour la boisson vient de la peine qu'ils ont à la déglutir, et ils n'en ont pas moins un désir ardent de satisfaire la soif qui les tourmente.

Soit que la rage se déclare spontanément par des causes qui sont encore ignorées, soit qu'elle résulte de la morsure d'un autre animal, le chien qui en est atteint change sensiblement d'allure ; il perd l'appétit, la gaîté et l'esprit de soumission ; il recherche les ténèbres et la solitude ; son cri devient rauque, entrecoupé, caractéristique ; son œil est rouge et brillant. Peu à peu il s'attaque aux animaux qu'il rencontre ; les chats surtout excitent son antipathie ; puis il finit par s'en prendre à l'homme.

Il est donc urgent, dès qu'il s'élève le moindre doute sur la santé d'un chien, de l'attacher solidement ; s'il est malade, il mord et secoue violemment sa chaîne, cherche à briser sa niche et tout ce qui l'entoure, jusqu'à ce que, épuisé par ses efforts, il reste comme paralysé ; au bout de quelques jours. il succombe dans un accès.

Il ne faut pas moins de deux mois d'attache et de surveillance pour être bien sûr qu'un chien sur lequel on a eu des soupçons peut être impunément rendu à la liberté ; si on ne se sent pas le courage de soumettre à ce rude esclavage la bête que l'on affectionne, il vaut mieux la confier à un vétérinaire qui se chargera de la garder. — Si on a vu son chien mordu par un autre animal, il ne faut pas le regarder comme perdu à cause de cela : il faut débrider immédiatement la plaie, la nettoyer, puis la cautériser avec un fer rouge ou un caustique éner-

gique, et il y a beaucoup de chances pour sauver le
blessé ; mais qu'on prenne néanmoins la précaution de l'attacher comme nous venons de le dire,
et que l'on ne craigne pas de consulter un homme
de l'art, en se défiant surtout des recettes de char-
latan.

La gale, le roux-vieux, les chancres, les coliques,
la constipation, les crampes, les morsures de bêtes
venimeuses, peuvent se guérir au moyen de quelques remèdes faciles à appliquer, ce qui n'empêche
pas d'avoir recours au vétérinaire si le mal prend
de la gravité. Ainsi, la gale se guérit avec un on-
guent fait de suif mélangé de trois parties de soufre
contre une de mercure, dont on frotte l'animal
tous les jours, en ayant soin de le tenir en repos sur
de la litière fraîche jusqu'à parfaite guérison. On
emploie aussi avec avantage des bains composés
d'une partie de sulfure de potasse et de 32 parties
d'eau.

Le roux-vieux, maladie particulière aux chiens
âgés, et à peu près incurable comme la vieillesse,
est le résultat ordinaire d'une nourriture trop
poussée à la graisse. Elle diffère de la gale en ce
qu'elle s'annonce par des plaques écailleuses qui
couvrent d'abord le dos et finissent par envahir toute
la tête, tandis que la gale se déclare par des boutons
aux articulations d'abord, puis au ventre et dans
toutes les parties inférieures ; elle ne gagne le dos
qu'en dernier, si on l'a laissée se développer par
ignorance ou incurie. Les bains sulfureux recom-
mandés par la gale sont aussi le meilleur remède
contre le roux-vieux ; mais il faut d'abord saigner et
purger l'animal.

Les chancres se cautérisent avec un fer chauffé à
blanc ou de l'ammoniaque concentrée ; les cram-

pes se guérissent par le repos et les frictions ; les coliques par les bains chauds, des lavements et des boissons adoucissantes ; la constipation, si fréquente chez les chiens, par des cuillerées d'huile d'olive légèrement sucrée que l'on administre plusieurs fois par jour. Au reste, l'hygiène que l'on suit pour soi-même est très-souvent applicable aux animaux, qui, vivant dans la société de l'homme, éprouvent à peu près les mêmes influences et les mêmes indispositions.

Il arrive quelquefois qu'un chien avale les boulettes préparées pour détruire les animaux nuisibles ou vagabonds ; on peut le sauver, si on s'en aperçoit à temps, en lui faisant avaler de suite une petite dose de staphisaigre en poudre, qui le fait vomir ; on débarrasse ensuite les intestins par une purgation. Si c'est une vipère ou quelque autre bête venimeuse qui l'a mordu, il faut à l'instant même, à défaut d'alcali volatil dont on verserait quelques gouttes sur la plaie, brûler cette plaie avec un peu de poudre qu'on y place en tas et qu'on enflamme ; si l'enflure a déjà commencé, il faut ouvrir la plaie, la nettoyer et y verser de l'ammoniaque liquide.

Un chasseur soigneux doit avoir dans son carnier une place réservée pour sa petite pharmacie portative. Les accidents ne sont pas rares à la chasse, soit parmi les hommes, soit parmi les animaux, et une vie précieuse peut être sauvée par une précaution prise à temps.

Passons à l'éducation proprement dite.

Bon chien chasse de race, dit-on ; cela est vrai en ce sens que le chien de bonne race, joignant à son goût naturel pour la chasse un nez fin et de bonnes jambes, saura poursuivre et atteindre le gibier pour son compte ; mais il s'agit pour le chasseur d'avoir dans son chien un compagnon désintéressé, docile à toutes ses volontés, comprenant ses désirs, devinant même ses intentions, et consentant à ne tirer de la chasse d'autre plaisir que celui d'obliger son maître, et aussi celui qui résulte d'un exercice violent où toutes ses facultés se développent.

Or, ces merveilleuses qualités, tout en étant en germe dans la nature du chien, ne se développent que par l'éducation qu'on lui donne. Il faut l'habituer au langage de l'homme, lui inspirer à la fois l'affection qui attache et la crainte qui empêche d'abuser, et le dresser aux fonctions spéciales qu'on attend de son intelligence et de ses facultés natives.

Pour arriver à un bon résultat, les uns préconisent la dureté, les autres une douceur à toute épreuve. Chaque système a ses inconvénients, et chez les animaux, comme chez les hommes, il faut étudier les caractères et savoir appliquer tour à tour avec discernement tantôt la sévérité et tantôt l'indulgence, suivant le cas, les vices à corriger, l'intelligence ou l'obstination du sujet.

Quand on élève un jeune chien, on commence par lui donner un nom; et ce nom a son importance, car il doit être court, sonore, et contenir une syllabe saillante, que l'animal puisse retenir facilement et entendre de loin. César, Phanor, Azor, Mirza, Porthos, sont d'excellents noms de chiens; et, quoi qu'en dise un chasseur de beaucoup d'esprit, M. La Vallée, que nous avons souvent consulté, nous trouvons que les noms d'une seule syllabe bien retentissante, qui frappe l'air vivement, ne sont pas non plus à dédaigner, et nous comprenons qu'on nomme son chien Tom, Turck, Black, Bloum ou Stop. Ces noms sont moins gracieux sans doute que nos noms français, mais il est évident que les chiens les entendent parfaitement à distance.

Voilà votre chien baptisé. Sa croissance se fait vite : il a six mois et ses secondes dents ; il est temps de le mettre à l'école. Mais il est jeune, étourdi, joueur, capricieux, obstiné comme tous les enfants : armez-vous de patience, étudiez la bête, recommencez souvent la leçon. On n'apprend pas à lire, à écrire et à compter en un jour ; et cependant, il faut le dire à l'avantage des bêtes, de même qu'elles se développent physiquement beaucoup plus vite que nous, elles apprennent aussi beaucoup plus tôt tout ce qu'il leur est permis d'apprendre. — Il est vrai qu'elles n'approfondissent pas comme nous la logique, la métaphysique et la philosophie ; qu'elles ne font ni petits ni gros livres ; mais nous supposons qu'elles n'en sont pas bien plus à plaindre pour cela.

La plupart des chiens sont timides, craintifs, à l'égard de l'homme ; ils semblent reconnaitre notre supériorité intellectuelle et chercher à conquérir notre amitié, notre suffrage : il est bon de les entretenir dans ces sentiments en gardant toujours avec eux une certaine réserve. Évitez de folâtrer avec eux comme des enfants, si vous voulez en être respecté ; châtiez-les sans brutalité, mais de suite, à chaque faute bien avérée ; ils savent quand ils ont mal fait, et ils viendront vous demander pardon en rampant. Une fois qu'ils auront acquis la crainte de vous déplaire, il vous suffira d'élever un peu la voix en les appelant pour les faire frissonner, de lever sur eux la moindre baguette, sans les toucher, pour les faire hurler de douleur.

Nous nous occuperons peu de l'éducation des chiens en meute ; ce n'est pas dans notre livre que les veneurs de profession viendront chercher des avis. D'ailleurs, tout ce que nous disons de l'éducation particulière s'applique aussi aux chiens de meute ; mais il y a de plus à les habituer à vivre en compagnie, à courir ensemble du même pied, avec ordre, sans emportement. Il faut savoir les employer au moment de la chasse, suivant leurs aptitudes individuelles ; ne jamais unir de bons coureurs à des sujets moins vifs ou moins élancés ; pour cela les valets des chiens doivent vivre continuellement avec eux afin d'en être compris et obéis promptement, car le succès d'une grande chasse dépend de la manière dont la meute est menée. Nous reviendrons naturellement sur les meutes en parlant de la chasse à la grand'bête.

Le jeune chien s'habitue facilement à revenir à la voix de son maître et à rapporter l'objet qu'on lui jette au loin : il comprend vite le mot *apporte* ou son abrégé *orte*, et la valeur de ceux-ci : *ici, derrière*, quand on veut le retenir près de soi ; *halte, tout beau*, quand on veut qu'il s'arrête ; *bellement*, pour le calmer, et ainsi du reste ; mais le plus pénible est de le contraindre à une obéissance continue, à marcher en laisse, à se laisser mettre à la chaîne, à se contenir quand il est emporté par l'ardeur de la chasse. Il faut souvent avoir recours au collier de force. Ce collier, tenu toujours très-large, est composé de deux cuirs épais : l'un est garni de plusieurs rangées de clous dont les pointes ressortent en dedans d'environ quatre millimètres vers le cou du chien ; l'autre, fixé en dehors sur les têtes des clous, les empêche de bouger. On attache à ce collier, muni d'un anneau, une corde de quelques mètres de longueur pour laisser à l'animal plus de liberté dans ses mouvements ; et quand le chien n'obéit pas ou ne comprend pas, on lui pique

le cou, par une saccade donnée au collier, assez
vivement pour qu'il écoute mieux, prête plus d'attention à ce qu'on veut de lui, et soit obligé de
céder s'il y met de l'obstination.

C'est ainsi qu'on l'habitue à tenir ferme sur ses
arrêts, à revenir au moindre coup de sifflet, à traverser un ruisseau au delà duquel on aura jeté une
pièce de gibier blessée, à la rapporter fidèlement et
à lécher sa proie sans se faire prier.

Outre le collier de force, on peut employer utile-
ment tout autre moyen de coercition ou de châti-
ment, pourvu que l'usage en soit toujours fait sans
colère, et juste au moment de la faute, afin que le
chien comprenne bien le motif de la punition. Mais
l'un des meilleurs est certainement le jeûne,
comme le pain sec pour les enfants. Quand le chien
s'aperçoit qu'il n'obtient sa soupe qu'après une
leçon bien apprise, il y met plus d'attention et fait
des progrès rapides.

Il s'agit aussi d'habituer notre élève à ne pas
bouger au coup de fusil ; il n'y a qu'à l'exercer
pendant quelque temps avec des simulacres de
lièvre ou de lapin sur lesquels on tire et qu'on lui
fait rapporter. Le chien est si intelligent qu'il comprend bien, dès qu'il est à la chasse avec son maître, que c'est au gibier, et non à lui, que les coups
de fusil sont destinés : aussi blâmons-nous vivement
l'habitude qu'ont quelques chasseurs de punir leurs
chiens, quand ils s'éloignent trop ou sont déso-
béissants, en leur envoyant une décharge de cendrée
ou de petit plomb dans les fesses ; d'abord ils risquent, quelque précaution qu'ils y mettent, de
blesser grièvement ou même de tuer un animal précieux ; ensuite ils l'exposent à craindre désormais
les coups de fusil pour lui-même et à fuir au lieu
de ramasser le gibier.

En général, plus le chasseur est habile, hardi, infatigable, ne craignant ni le froid, ni la pluie, ni les ruisseaux débordés, plus son chien est disposé à l'imiter bravement et à le seconder en tout avec vigueur et docilité. Il est très-probable qu'il obéit d'autant mieux à son maître que celui-ci est plus adroit ; et dans sa cervelle de bête il doit concevoir un certain mépris pour le chasseur qui manque souvent son coup ou qui le fait quêter le vent en queue, comme cela arrive si souvent à des novices, qui s'en prennent ensuite à leur chien de leur mauvais succès.

Certains chiens abîment le gibier en le saisissant avec trop d'ardeur : la vue et l'odeur du sang les enivrent ; d'autres dérobent les pièces et les cachent dans un trou, où le plus souvent ils les oublient ; ce sont des vices graves dont on les corrige en les prenant sur le fait et en leur prouvant qu'on n'est pas leur dupe.

Nous ne pouvons mieux résumer ces observations qu'en disant ceci : c'est que le bon chasseur fait le bon chien quand celui-ci est de bonne nature, de même que les bons maîtres font les bons domestiques quand ceux-ci ne sont pas corrompus à l'avance.

Nous parlerons du furet dressé pour la chasse quand nous en serons au gibier qui se terre ; le furet n'est pas un animal assez intéressant pour mériter d'être mis en parallèle avec le chien.

Nous terminerons ce chapitre par l'explication de quelques termes de chasse les plus usités à propos des chiens.

Le chien *rebaudit* lorsqu'il sent quelque chose d'extraordinaire ; il tient alors la queue droite.

Il a *une bonne menée* lorsqu'il a la voie sûre et

chasse avec entrain ; s'il *nasille*, c'est qu'il n'est pas
sûr des voies qu'il suit : c'est un grand défaut.

Un chien *bien gigotté* est celui qui a les cuisses
rondes et les jambes larges : c'est un bon coureur.

Un chien *babillard* ne vaut rien ; quand il aboie
ainsi mal à propos, on le fait taire avec les mots
couais, tout couais.

Un chien *barreur* est celui qui empêche ses ca-
marades de suivre en tenant mal sa voie, en brico-
lant de droite et de gauche, en coupant les devants
pour prendre son avantage.

Prendre le change, expression passée dans le langage ordinaire, c'est quitter un gibier pour en suivre
un autre ; on sait que c'est le meilleur moyen pour
ne rien attraper. Aussi le chien qui *garde le change*
est-il précieux ; on dit aussi de lui qu'il *se colle bien
à la voie*. Celui qui perd la voie *est en défaut.*

On dit d'un chien qui va atteindre un lièvre qu'*il
lui souffle le poil.*

On appelle *clef de meute* les meilleurs chiens d'une
meute, ceux qui la conduisent.

On dit du chien courant qui prend les devants
d'une meute par trop d'ardeur, qu'il *s'abandonne*
sur la bête ; c'est un tort.

Les chiens sont bien *ameutés* lorsqu'ils marchent
bien ensemble ; — ils sont bien *railés* lorsqu'ils sont
tous de même taille.

Attaquer, c'est lancer la meute.

Raccoupler les chiens, les *rallier*, les *rameuter*, les
rompre, sont des expressions qui se comprennent
facilement.

On *appuie* et on *baudit* les chiens en les suivant
et en les animant de la trompe et de la voix. Les
fanfares sont des airs de chasse toujours les mêmes
suivant la bête chassée et le point où l'on en est de

la poursuite, afin que les chiens, qui sont dressés
à ces airs, les reconnaissent toujours et agissent en
conséquence. — Quand on parle aux chiens, il faut
allonger les mots et les chanter pour ainsi dire.

CHAPITRE III

ARMES, MUNITIONS, ÉQUIPEMENT.

Si un bon chien est pour le chasseur un aide indispensable, un fusil, de la poudre et du plomb ne lui sont pas moins nécessaires. Les anciens, qui n'avaient pas, comme nous, la ressource des armes à feu, étaient obligés d'être encore plus adroits, car ils ne pouvaient envoyer à la fois qu'une flèche, et le gibier, surtout le gibier à plume, devait être plus abondant qu'aujourd'hui, grâce à l'insuffisance des moyens de destruction.

On a tant fabriqué de fusils de chasse, plus ou moins perfectionnés avec brevets d'invention, qu'on n'a plus que l'embarras du choix. Depuis longtemps le fusil à silex est abandonné : il n'est pas besoin d'en parler ; mais la lutte existe encore entre le fusil à percussion se chargeant avec la baguette et ceux qui se chargent par la culasse, et, parmi ces derniers, entre ceux dont le canon bascule et

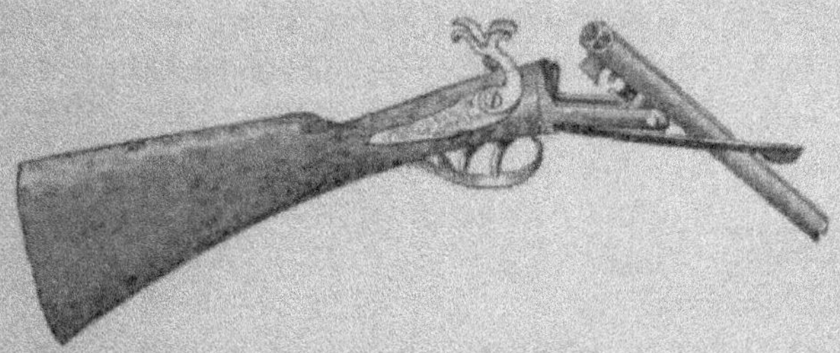

ceux dont la culasse seule est mobile. Nous les passerons rapidement en revue.

On sait que les fusils de chasse ont ordinairement deux canons soudés ensemble et permettant de

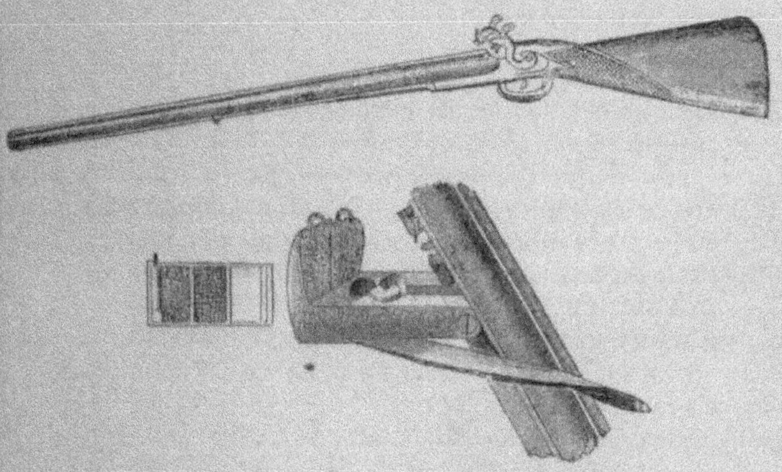

faire coup double. Le point important est d'abord d'avoir d'excellents canons, et le chasseur ne doit pas hésiter à y mettre le prix, car son plaisir deviendrait une grande calamité si son arme lui éclatait entre les mains, comme cela arrive encore trop souvent. Laissons donc de côté les canons simples, formés d'une lame de fer roulée, soudée sur deux bords superposés, puis calibrée à l'aide d'un foret. Il évident que l'effort de la poudre, agissant toujours sur la ligne de soudure, tend à écarter les deux bords réunis artificiellement.

Il faut donner la préférence aux canons tordus et rubanés qui se fabriquent si bien à Paris et dans quelques-unes de nos villes manufacturières, comme Saint-Étienne, Charleville, Tulle, Maubeuge. Le canon tordu est fait avec une lame de fer roulée et soudée comme pour le canon simple ; mais lorsque la soudure est faite, on remet le canon à la forge, et quand il est au rouge vif, on le tord, à l'aide d'un étau, en le tournant sur son axe de manière que la ligne soudée décrive une spirale. On comprend qu'après cette opération la résistance du fer est beaucoup plus énergique, car la ligne soudée est toujours en travers, ainsi que les pailles ou défauts qui pourraient se trouver dans le fer.

Plus on travaille le fer par petites portions, plus on est certain de l'épurer ; c'est ce qui donne tant de prix aux canons rubanés et surtout aux damas. Pour les premiers, on roule autour d'un tube de tôle appelé *chemise*, et toujours en spirale, un ruban d'acier que l'on soude avec le plus grand soin et qu'on débarrasse ensuite de la chemise ; souvent on roule ainsi l'un sur l'autre deux rubans en sens inverse : on arrive ainsi à faire des canons qui résistent à des charges quinze fois plus fortes que la charge ordinaire.

Les canons en damas se fabriquent avec du fil de fer et d'acier que l'on tord en spirale, puis dont on fait des rubans travaillés comme nous venons de le dire. On appelle ces canons des *joncs* : c'est la dernière limite du beau et du bon. La seule différence qui existe entre le damas français et le damas anglais, c'est que celui-ci se fabrique avec une quantité de petits morceaux de fer et d'acier travaillés ensuite au marteau pour former le ruban; c'est ce qui leur donne cet aspect marbré ou moiré, qui est si recherché des amateurs; mais leur solidité n'est certainement pas supérieure à celle des canons français.

Le bois qui sert de monture au canon, c'est-à-dire le fût, se fait en bois dur, facile à travailler et ayant toujours le fil dans sa longueur; c'est le noyer que l'on emploie le plus communément. La crosse est taillée en forme de gigot, et peut varier de longueur, suivant la conformation de l'individu qui doit employer l'arme; trop longue, elle s'embarrasse dans le bras quand on la porte à l'épaule; trop courte, elle force à ramener le bras d'une façon gênante et nuit à l'épaulement ainsi qu'à la justesse du tir. C'est au chasseur à choisir ce qui convient le mieux à ses habitudes. Il est important que la mise en bois soit très-soignée, c'est-à-dire que toutes les pièces soient parfaitement encastrées.

Les platines, presque toujours découpées à la mécanique, ont besoin d'être revues avec soin par l'armurier; les ressorts doivent être bien élastiques; quand on les fait jouer, il faut qu'ils rendent un son clair et net. Il y a peu de temps encore, la platine des fusils était disposée de telle sorte que par les temps de pluie l'eau s'infiltrait entre le canon et le bassinet et pénétrait dans la platine, qui finissait par se rouiller. Par une heureuse innovation, on a placé en arrière le grand ressort, qui marche de bas en haut au lieu d'agir de haut en bas, et pour plus de simplification on a prolongé sa petite branche de manière à ce qu'il serve à la fois pour la noix et pour la gâche.

Le calibre des fusils de chasse a beaucoup varié : après l'avoir fait très-petit, on l'a successivement agrandi, jusqu'à dépasser même le calibre des fusils de munition. Ces gros calibres ont leurs avantages, en hiver surtout où le gibier part bien, et pour la chasse aux canards, qui exige souvent un supplément de charge; mais ils ont l'inconvénient d'être lourds et très-fatigants lorsque l'on reste longtemps en plaine. Aussi est-on revenu généralement à un calibre moyen connu sous le n° 20, dont la portée est presque aussi longue que celle des gros fusils.

Il est toujours bon d'essayer un fusil quand on l'achète, non pas seulement pour en éprouver la solidité, tâche dont l'armurier a dû s'acquitter après sa fabrication, mais pour en vérifier la portée et l'écartement; car sous ce rapport les armes sont fort capricieuses. Sans qu'on puisse en déterminer la raison, sur deux armes fabriquées absolument dans les mêmes conditions, l'une, faisant balle à trente pas, broiera le gibier, et l'autre, au contraire, écartera sa charge de manière à ne pas l'atteindre; or, un bon fusil de chasse doit, à trente ou quarante pas, étendre sa charge de plomb sur un espace représentant un cercle d'environ 65 centimètres de diamètre.

On préfère généralement les fusils où l'amorce est à découvert et où le bassinet est forgé d'une seule pièce avec la culasse; le mécanisme de la platine y est plus simple, et il y a moins de danger d'explosion. Quant à ceux qui se chargent par la culasse, malgré les inconvénients nombreux qui résultent de la crosse et des fréquents dérangements occasionnés par un mécanisme délicat et compliqué, la plupart des chasseurs s'en munissent, sans pour cela abandonner les autres, parce qu'ils sont bien plus faciles à charger sous bois et dans les marais.

Presque tous les arquebusiers ont fait des efforts pour perfectionner cette arme, et jusqu'à présent MM. Lefaucheux et Béringer nous paraissent mériter la préférence.

L'invention, du reste, n'est pas nouvelle; et quand on commença à employer les armes à feu en Europe, les canons et fusils du temps n'étaient que des cylindres en fer plus ou moins gros à deux embouchures : dans celle de devant on chargeait les projectiles; dans celle de derrière on introduisait la poudre à l'aide d'une chambre de métal qu'on liait au reste du canon par des armatures.

Aujourd'hui les fusils qui se chargent par la culasse appartiennent à deux écoles différentes : les premiers inventeurs, MM. Pauli, Robert et autres, ont rendu la culasse mobile et laissé le canon à sa place; les derniers venus, MM. Lefaucheux, Lepage, Béringer et leurs imitateurs, ont fait le contraire.

On a commencé par le fusil à tambour. C'est une réunion de cinq ou six petits canons soudés en faisceau et décrivant autour d'une broche placée au centre et fixée au fût un mouvement de rotation qui lui permet de servir successivement de tonnerre au grand canon, qui est percé sur le même calibre. Ces fusils étant abandonnés, il est inutile de détailler leurs inconvénients, qui se font encore sentir dans les pistolets dits *revolvers*, faits à leur imitation.

Dans le système Pauli, plus ou moins heureusement modifié par ses imitateurs, on charge en levant une bascule tenue par deux tourillons à la partie inférieure du canon. Le tonnerre étant à découvert, on y place une cartouche faite de papier fort et fermée par une rondelle de carton percée d'un trou. Dans ce trou on visse une petite tige de fer forée qui reçoit la capsule ; la bascule, en se refermant, assujettit le tout, et l'amorce est enflammée par la percussion d'un marteau qui frappe à l'intérieur. Malgré la précaution prise de ménager dans la plaque de dessus deux petits trous pour donner issue à la fumée, la bascule s'encrasse très-promptement, devient d'un jeu excessivement difficile, et a fait renoncer à l'arme, qui a de plus le tort de cracher beaucoup.

Dans le système Lefaucheux, qui a obtenu le plus de succès, le canon fait bascule et présente son tonnerre au chasseur, qui y dépose la cartouche. Cette cartouche, faite de papier fort, est fermée par un culot de cuivre très-mince qui, au moment de l'explosion, se dilate par la chaleur sur les parois du canon, et empêche ainsi le crachement. On comprend qu'à l'aide d'un mécanisme qu'il serait trop long de détailler, mais qui fait charnière et permet au canon de se rattacher à la culasse, laquelle est restée fixée au fût par une forte pièce forgée en équerre, il y a garantie suffisante de solidité et rapidité dans les mouvements. On s'est beaucoup récrié sur la nécessité de porter avec soi un grand nombre de cartouches toutes faites ; mais de toute façon, avec les autres armes, il faut porter sa poudre et son plomb, qui pèsent tout autant ; et, de plus, il est très-facile, dans un moment de repos, même en chasse, de charger soi-même les cartouches en cuivre, que beaucoup de chasseurs s'exercent à fabriquer eux-mêmes.

M. Lepage a modifié, dans le fusil Lefaucheux, le mode de fermeture; il a imaginé un petit verrou qu'il suffit de tirer à soi ou de repousser quand on veut abaisser le canon ou le remettre à sa place.

M. Béringer a perfectionné la cartouche et l'amorce. On peut, après chaque coup, retirer la douille de cuivre qui enveloppe la cartouche, et s'en servir ainsi bien des fois, en ayant seulement soin, quand elle est déformée par l'explosion, de la faire passer par une petite matrice d'acier du calibre de l'arme.

Un autre inventeur, M. Édouard de Laraché, a imaginé de faire pirouetter le canon sur le côté au lieu de le faire basculer; ce système offre l'avantage d'une fermeture plus solide et d'une application facile dans toutes les positions; mais les cartouches établies pour cette arme, tout en étant d'un emploi commode, ont le malheur de coûter cher et d'être souvent dangereuses; car étant très-fortes, très-résistantes, si elles s'enflamment par une cause quelconque avant d'être enfermées dans le canon du fusil, elles font explosion comme de petits pistolets et peuvent blesser grièvement.

Tous les systèmes ayant leurs avantages et leurs inconvénients, nous ne pouvons qu'engager les chasseurs qui le peuvent, à les essayer tous et à voir ceux qui leur conviennent le mieux. Le fusil à baguette est certainement plus long à charger, et la charge est quelquefois inégale; mais aussi l'arme est de plus longue durée. On peut modifier la charge à son gré, ce qui est souvent utile, suivant l'état de l'atmosphère; on est aussi moins exposé à trouver ses amorces avariées. — Les fusils à culasse et à canon mobile sont préférables au marais et lorsqu'on a besoin de recharger promptement; mais l'ajustage, quelle que soit sa solidité, fatigue beaucoup à ce travail continuel d'ouverture et de fermeture; la charge pèse sans cesse sur le mécanisme et le met promptement hors de service.

Tout bon chasseur doit soigner son fusil par prudence et par coquetterie; l'arme bien entretenue fonctionne mieux, offre plus de sécurité et fait honneur à son maître. Celui-ci doit savoir la démonter et la remonter comme le ferait un armurier; et cela n'est pas difficile : il suffit d'un peu d'attention.

Quel que soit le genre de l'arme à démonter, le chasseur doit dévisser par ordre chaque série de pièces et les mettre, à mesure qu'il les nettoie, sur le meuble qui lui sert d'établi, de telle sorte qu'il les trouve dans l'ordre où il a besoin de les remonter. Il se procurera les petits outils nécessaires, comme un tourne-à-gauche, un tournevis pour les culasses, et un tournevis évidé.

Les platines n'ont pas besoin d'être démontées de toutes pièces aussi souvent que le reste; une fois ou deux par an suffisent; mais il est utile, en les remontant, de faire couler une très-légère goutte d'huile d'horloger entre les diverses parties qui les composent, à l'extrémité taraudée des vis et sous les branches du grand et du petit ressort.

Les canons doivent être lavés à l'eau chaude quand ils ont tiré une cinquantaine de coups; on se sert pour cela d'une baguette en fer garnie de chanvre : on refoule et on change l'eau jusqu'à ce qu'elle soit claire; puis, avec la même baguette garnie de chanvre sec, on essuie jusqu'à ce que le chanvre ne revienne plus du tout humide. Pour plus de sûreté, on laisse le canon près du feu, après l'avoir passé à la guenille grasse en dedans et en dehors. Un canon bien nettoyé doit rendre, quand on y enfonce la baguette nue, un son sec et franc.

Le nettoyage des pièces extérieures se fait au moyen de la pièce grasse, dont on frotte rigoureusement chaque objet, et pour les pièces intérieures on se sert de curettes en bois tendre imbibées d'huile de pied de bœuf; on essuie avec un linge sec que l'on introduit dans tous les trous des vis.

Il ne faut démonter que les pièces qui ont réellement besoin d'être nettoyées; ainsi les culasses peuvent toujours rester en place; si elles ont besoin de quelque réparation, c'est l'affaire de l'armurier. Il suffit souvent, pour entretenir son fusil en bon état pendant longtemps, de le frotter avec un chiffon gras toutes les fois qu'on revient de la chasse.

Quoique les armes de chasse soient ordinairement très-bien mises en bois, on fera bien, en remontant le canon, de graisser les bords de la monture dans laquelle il est encastré, afin que la pluie ne puisse pénétrer entre le fer et le bois.

Munition et *tir*. — Les munitions pour la chasse se réduisent à une petite provision de poudre moyenne, de plomb de plusieurs calibres et d'amorces fulminantes; il y a des recettes pour fabriquer soi-même le plomb et les amorces; mais, en vérité, ces articles ne sont pas assez chers pour qu'on se donne cet embarras; quant à la poudre, il est défendu de s'en procurer ailleurs que chez les débitants autorisés. La poudre trop fine ne prend pas assez vite; la poudre trop grosse ne s'introduit pas assez facilement dans la lumière et fait rater.

Le plomb est numéroté suivant sa grosseur, et il faut avoir soin de demander le calibre convenable pour le gibier qu'on veut chasser : ainsi les n°⁵ 0, 1,

2 et 3 servent pour le chevreuil, le renard, les gros oiseaux de passage ; les n°ˢ 4 à 6 s'emploient pour le lièvre, le lapin, le faisan, la perdrix et le gibier de menue grosseur ; les trois numéros suivants sont destinés à la grive, à la bécassine et à leurs analogues ; les n°ˢ 10 à 12, appelés cendrées à cause de leur finesse, ne servent que pour les petits oiseaux.

Pour la grande chasse au sanglier, au cerf, au loup et autres animaux de même taille, on a recours aux balles, aux lingots et aux chevrotines ; mais il n'est rien tel que la balle sèche de calibre exact tirée avec une carabine rayée ; c'est là que le chasseur peut prouver son adresse, parce qu'il est sûr de son arme.

On doit autant que possible préparer ses cartouches à l'avance ; on gagne ainsi du temps et on est plus sûr de mettre une charge toujours égale. Cependant, à défaut de cette précaution, on a soin de fixer dans le dé à poudre, au moyen du tenon et du cran, la hauteur convenable de poudre. On sait que la proportion entre le poids de la poudre et celui du plomb compose une charge qui varie, suivant la force de la poudre et la température, entre ces trois nombres : 1 à 6, 1 à 5, 1 à 4, soit, en moyenne, 5 grammes de poudre contre 25 grammes de plomb.

L'arme en état, les chiens abattus, la poudre versée dans le canon, on met une première bourre, qu'on tasse fortement ; puis on met le plomb, qu'on tasse à son tour légèrement en le poussant par une seconde bourre ; on foule très-peu pour ne point réduire la poudre en pulvérin. On relève alors les chiens pour placer les amorces fulminantes, qu'on assure en abattant doucement les chiens.

En attendant le moment de tirer, il faut avoir

soin de porter l'arme la bouche du canon en bas, en évitant, toutefois, de la laisser traîner à terre, parce qu'elle pourrait se boucher et faire éclater l'arme en tirant; ou bien en haut, mais jamais horizontalement, afin d'éviter aussi tout accident.

L'occasion se présente-t-elle de tirer, il faut épauler vite, ajuster sans se presser, mais tirer franchement et sans secousse du moment où l'on croit tenir le gibier à l'œil, c'est-à-dire avoir bien visé.

Un bon épaulement, la manière de tenir son arme, l'art de bien viser, sont des choses qui s'apprennent à la pratique bien plus que par des théories imprimées; un homme adroit comprend bientôt tout cela; un maladroit lirait vingt traités qu'il n'en saurait pas davantage. Nous ajouterons seulement que tout projectile ayant nécessairement, à cause de son poids, la tendance à décrire une courbe avant d'arriver au but, il est important de découvrir toujours au-dessus du canon la pièce que l'on vise et de laisser filer un peu le gibier avant de tirer, pour s'assurer qu'on le tient à l'œil.

La ligne de mire est la ligne droite que suit l'œil du tireur guidé par l'extrémité du tonnerre et la sommité du guidon; la ligne de tir, autrement dit la trajectoire, est la ligne courbe décrite par le plomb ou la balle. On appelle *but en blanc* le point où la ligne de mire aboutit; le but véritable à atteindre est, comme nous venons de le dire, toujours un peu plus bas, surtout quand on emploie des balles à longue portée. La bande qui existe sur la longueur du canon, étant plus épaisse à la culasse qu'auprès du guidon, sert à relever le coup de fusil.

Quand on tire en travers, il faut viser un peu en avant de la bête, à moins qu'elle ne soit stationnaire, et si on est loin on doit augmenter cette avance en

raison de la distance, car il faut donner le temps
au plomb d'arriver à la rencontre du gibier. La
portée du fusil de chasse ordinaire chargé à plomb
ne dépasse guère 50 mètres; la balle sèche va jusqu'à 150. Les carabines et surtout les canardières,
dont la longueur varie de un mètre 60 centimètres
à 3 mètres 30 centimètres, ont des portées beaucoup plus longues.

C'est par erreur que quelques personnes se servent de grains de fonte au lieu de grains de plomb,
elles croient que la fonte, étant plus dure, produit
plus d'effet; mais c'est tout le contraire : étant
beaucoup plus légère que le plomb, puisqu'elle pèse
près de moitié moins, elle porte moins loin; c'est la
lourdeur du plomb qui lui permet de franchir dans
l'air de plus grandes distances. Pourquoi la bourre
tombe-t-elle à quelques pas du fusil? c'est parce
qu'elle est très-légère. La fonte use promptement le
fusil.

D'autres croient faire merveille en forçant la
charge, et ils ne font que déranger le coup ou en
diminuer la force : car au delà d'une certaine mesure, la poudre, n'ayant pas le temps de prendre
feu tout entière dans l'intérieur du canon, est
chassée au delà en même temps que le plomb,
avant d'être complétement enflammée, et n'a pu
ajouter à la force d'impulsion. On ne réfléchit pas
assez qu'une charge de poudre ne s'enflamme pas
simultanément, mais grain à grain; il faut que le
feu ait le temps de se communiquer de l'un à l'autre; et quoique cela se fasse avec une extrême rapidité, la somme des gaz dilatés par la partie de
poudre enflammée la première chasse le reste avant
que le tout ait eu le temps de produire son effet.

La poudre, pour être bonne, doit être en grains

égaux, durs et luisants ; quand elle est terne, c'est qu'elle a trop absorbé d'humidité. Mais il ne faut pas, à l'exemple de quelques imprudents, la faire sécher sur le feu, où elle peut faire explosion ; d'ailleurs elle devient trop sèche et manque le but qu'on veut atteindre, car la poudre a besoin d'un peu d'humidité, qu'on estime à un ou deux pour cent de son poids. Cette humidité, convertie en vapeur au moment de la combustion de la poudre, qui développe 1,200 degrés de chaleur, augmente la puissance d'impulsion.

L'espace occupé par la poudre dans l'intérieur du canon doit être égal à une fois et demie le diamètre du canon.

Équipement. — Nous recommandons des vêtements amples, qui ne gênent aucun mouvement ; des chaussures fortes, imperméables, maintenues par de bonnes guêtres. Une casquette est plus commode que le chapeau de paille, dont les bords accrochent les branchages. La blouse a sans doute l'avantage de protéger tout le reste, mais elle embarrasse quelquefois par ses plis et ne permet pas d'arriver facilement aux poches, où l'on tient en réserve bien des objets utiles. Cependant un pardessus imprégné de caoutchouc a bien ses avantages en cas de mauvais temps, et le chapeau de paille à larges bords n'est pas à dédaigner pour la chasse en plaine.

Le sac à plomb à genouillère est ce qu'il y a de plus commode ; la poire à poudre doit être munie de sa petite mesure pour fixer le poids régulier de la charge.

Le couteau de chasse, qui n'est utile que dans les chasses à courre, n'a besoin que d'être bien ai-

guisé, et doit être contenu dans une gaîne appendue
à un baudrier ou ceinturon.

Le carnier ou carnassière doit être à comparti-
ments ; chaque objet utile doit y trouver place,
comme le couteau, le tournevis, du papier à bourre,
une boîte de réserve pour les amorces, du fil et des
aiguilles, une petite pharmacie, des ciseaux, de la
ficelle, du chiffon pour essuyer le fusil, et, si l'on
veut, le flacon de spiritueux, sans oublier le permis
de chasse, qu'il doit toujours être facile d'exhiber
au garde ou au gendarme.

Nous ne finirons pas ce chapitre sans recomman-
der vivement à tous les chasseurs de toujours
décharger leur arme avant de rentrer au logis,
car il suffit d'un moment pour que l'imprudence
d'un enfant, ou l'accident le moins prévu, amène un
malheur irréparable.

CHAPITRE IV

On appelle ainsi cette chasse parce qu'elle consiste surtout à forcer à la course l'animal que l'on veut atteindre ; il est pour ainsi dire défendu de le tirer au passage avant qu'il soit à bout de force. L'animation résultant d'un violent exercice et d'une réunion nombreuse, les incidents variés d'une poursuite continuée pendant des jours entiers et sur un espace de terrain considérable, le bruit joyeux des cors, l'ardeur et les cris des chiens, les ruses de la bête lancée qu'il s'agit de prévoir et de déjouer, la gloire enfin de s'emparer à force d'adresse et de persévérance d'un bel animal, comme le cerf par exemple, qui dépasse en vélocité les chevaux et les chiens les plus alertes, tels sont les plaisirs que l'on recherche dans la grande chasse proprement dite.

Le cerf, le daim, le chevreuil, le sanglier et le loup, sont en France l'objet ordinaire des chasses avec meutes, piqueurs et rabatteurs ; l'agilité ou la férocité de ces animaux rendrait leur poursuite trop difficile ou trop dangereuse pour les chasseurs isolés.

L'ours et le chamois forment une chasse à part. On sait que ce sont de hardis montagnards qui consacrent leur vie, souvent de père en fils, à ces chasses périlleuses, et ils y souffrent rarement plusieurs compagnons.

La chasse au renard, malgré le peu d'importance de l'animal, est en Angleterre l'occasion d'un grand appareil ; c'est le divertissement favori des lords ou gros propriétaires de terres.

Ne voulant nous occuper que des chasses d'Europe, nous laissons aux Jules Gérard, aux Chassaing, aux Bonbonnel, ces intrépides représentants des chasseurs français aux deux extrémités de l'Afrique, le soin de raconter leurs exploits à l'encontre des lions ; mais, hélas ! nous ne verrons plus, nous n'entendrons plus l'un d'eux, le grand tueur de lions, ce brave Jules Gérard, qui nous honorait de son amitié. Il est mort à la fleur de l'âge, et celui que respectait la dent des lions s'est noyé en traversant une rivière au Sénégal.

La chasse au cerf passe en France pour la plus noble des chasses, sans doute à cause du goût qu'avaient pour cet exercice nos anciens souverains. Le cerf est, d'ailleurs, le plus bel hôte de nos bois par la hauteur de sa taille, la grâce de ses formes, le luxe de sa tête et la rapidité de sa course.

Les cerfs, les daims et les chevreuils sont classés sous le nom de *bêtes fauves* ; les sangliers grands et petits sont les *bêtes noires*, et constituent, avec les fauves, la grande venaison. On appelle *bêtes rousses* les loups, renards, putois et blaireaux, qui sont aussi connus, à l'exception des loups, sous le nom de *bêtes puantes*. Quant aux lièvres et aux lapins, ils rentrent dans la classe de menu gibier à poil.

CHASSE AU CERF.

Chasse au cerf. — Il faut, pour réussir à cette chasse, que le principal veneur ait des connaissances spéciales ; il doit savoir distinguer, par les traces des pieds et par les *fumées* (excréments), l'âge et le sexe de l'animal, ainsi que le moment où il a passé en dernier lieu. Les pieds du cerf diffèrent sensiblement de ceux de la biche, sa femelle, qu'il est important de toujours respecter, si l'on veut conserver du grand gibier dans ses domaines ; celle-ci ouvre la *pince* (bout du pied) plus que le mâle ; elle a le talon plus étroit, les quatre pieds d'égale grosseur, et elle n'a pas, comme le cerf, l'habitude de poser régulièrement le pied de derrière dans la trace de celui de devant.

Jusqu'à trois ans les pieds du cerf sont à peu près égaux en grosseur, comme ceux de la biche ; mais à partir de cet âge, les pieds de devant deviennent plus forts que ceux de derrière, et rendent très-facile la distinction des sexes.

Les fumées, par leur forme et leur nature, sont aussi des indices très-exacts ; formées en plateaux, elles indiquent presque toujours un cerf *dix-cors*, ou vieux cerf ayant tout son bois ; mal moulues ou mal digérées, elles appartiennent plutôt au *daguet* ou cerf de seconde année, dont la tête pousse son premier bois imitant la forme d'un fuseau ou d'une *dague*; fraîches, elles prouvent que l'animal a passé récemment et qu'on est sur ses traces; vieilles et aigres, elles annoncent le contraire.

Tous les printemps les cerfs jettent leur tête et la refont, c'est-à-dire qu'ils perdent leurs vieux bois ou ramures pour faire place à de nouveaux bois dont la croissance ne se termine qu'en juillet. On sait généralement comment ces bois, fort estimés pour leur dureté, sont disposés sur la tête de l'animal et lui servent à la fois de défense et d'ornement. D'une petite éminence appelée *meule* sort un premier bois : c'est la *perche* ou *merrain*; de ce premier

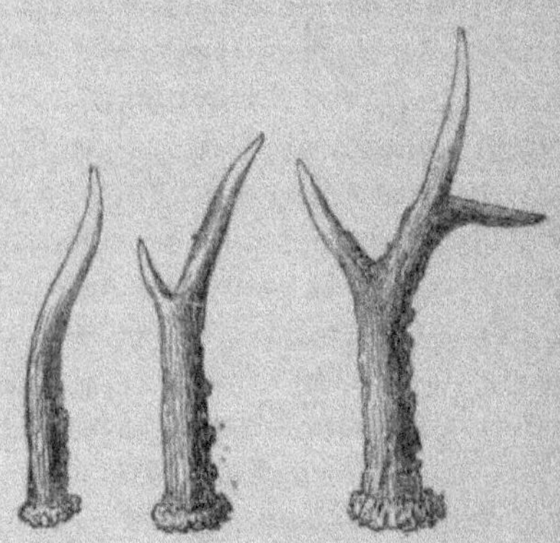

bois partent des cors nommés *chevilles* ou *andouiller*; puis, de ceux-ci de nouveaux cors ou *surandouillers*; les troisièmes se nomment *chevillures*, d'où l'expression : c'est un cerf bien chevillé; les *épois* sont les bois du sommet de la tête, qui forment *couronne*, *paulmure*, *trochure* ou *enfourchure*.

Ces bois se divisent en deux branches portant

ordinairement chacune sept cors ; quelquefois il y
a compte paire d'un côté et compte impaire de
l'autre ; ce sont alors des *faux-marqués*. Quand le
cerf vieillit (il peut vivre quarante ans), il ne
pousse plus que des têtes basses, irrégulières,

comme un vieux arbre qui ne pousse plus que des
branches nouées et mal venues ; on dit alors qu'il
ravale.

Le cerf n'est appelé *dix-cors* qu'à sept ans ; il est
alors dans toute sa force et préféré par les chasseurs. La femelle est plus petite que le mâle ; sa
tête est sans bois ; elle porte un peu plus de huit
mois et met bas ordinairement à la fin d'avril ; elle
ne donne à la fois qu'un *faon*, quelquefois deux.
Le jeune cerf garde ce nom de faon jusqu'à son
premier bois.

La chasse au cerf, chasse des princes et des
grands seigneurs, peut se faire en tout temps ;
mais l'automne est l'époque la plus favorable ; l'a-
nimal sort alors de la saison du rut et est plus

facile à forcer ; il se tient davantage dans les bois, où il trouve encore sa nourriture ; tandis qu'en hiver il les quitte pour *viander* (c'est le terme) dans les terres ensemencées et les terrains plus découverts.

Quand on entreprend de se livrer à la poursuite d'un animal de la taille du cerf, il ne s'agit pas d'ar-

river dans la premier bois venu pour en trouver ; on a dû s'assurer à l'avance, par des gardes ou des hommes apostés exprès, de la présence de l'animal dans tel ou tel fourré, car il a l'habitude de quitter sa demeure, qu'on nomme *fort*, à la fin du jour, et de n'y rentrer que le matin, après avoir fait sa nuit au *gagnage*, c'est-à-dire avoir cherché sa nourriture en plaine, dans les champs cultivés.

On examine les passages frayés par le cerf, et on reconnaît facilement, par la manière dont les branches sont brisées, ceux qui indiquent ses sorties du bois et ceux qui indiquent ses rentrées. Si on

trouve plus de sorties que d'entrées, le cerf n'est
plus dans le bois ; ce serait perdre son temps
et sa peine que de l'y chercher; si, au contraire, on
est certain de sa présence, il s'agit de fouler l'enceinte avec les hommes, les chevaux et les limiers,
jusqu'à ce que l'animal soit lancé ; puis on décou-

ple la meute, tenue en laisse, et elle se précipite
sur les traces du fuyard.

C'est ici que commence l'intérêt de la chasse, et
les cors font retentir les bois et les plaines de leurs
notes sonores, variées, suivant le point où en est
la poursuite, et ce que l'on veut faire comprendre,
soit aux chiens, soit aux gens les plus éloignés du
gros des chasseurs.

Le cerf, comme la plupart des animaux, est doué
d'un instinct merveilleux pour sa conservation ;
non-seulement sa course est rapide, mais encore
ses ruses sont nombreuses et mettent à l'épreuve

la sagacité des chiens, la science du veneur et la
patience des chasseurs. Tantôt il cherche à se faire
accompagner d'un autre cerf ou de tout autre
animal pour donner le change aux chiens, ce
qui divise la chasse et fait tout manquer; tantôt
il franchit d'un bond les obstacles les plus élevés et
se cache derrière en se couchant à plat ventre,
après avoir embrouillé ses voies par des allées et venues le plus croisées possible, car il sait que les
chiens ne le découvriront que par les émanations
échappées de son corps dans sa course éperdue, et
il réussit souvent à les tromper en suivant en apparence plusieurs chemins contraires.

On dit alors que l'on est en défaut; il faut *relever* le défaut, c'est-à-dire retrouver la voie; *re-
quêter*, c'est-à-dire chercher des indices plus certains, fouler de nouveau les enceintes où l'on
suppose l'animal retiré, et souvent parcourir bien
des kilomètres pour le retrouver dans un bois qu'il
a réussi à gagner. Il est rare qu'on renonce à une
chasse avant d'avoir retrouvé le cerf; cependant on
y est bien forcé quand le jour et le temps font défaut en même temps que la bête. On remet alors
la partie à un autre jour.

Si le cerf est vigoureux, il met bientôt à bout la
première meute lancée contre lui, surtout quand
elle n'est pas bien dirigée; il faut alors la renouveler. Mais entre les mains de bons piqueurs une
seule meute suffit la plupart du temps; car, tandis que l'animal s'épuise en rusant et en revenant
vingt fois sur ses pas, les piqueurs ménagent leurs
chiens en leur faisant prendre les devants et retrouver la voie sans suivre le cerf dans ces détours;
c'est ce qu'on appelle *enlever la meute, raccourcir le
cerf*. Puis, à mesure que la bête se fatigue, l'ar-

deur des chiens augmente; ils sentent que l'heure du triomphe approche, et leur imagination canine s'exalte au moins autant que celle de l'homme. Enfin l'animal, forcé, cherche une rivière, un lac, un étang, où il puisse à la fois se rafraîchir et faire perdre sa trace; mais on l'y suit, et bientôt il est *aux abois*. C'est en vain qu'il appelle à lui tout son courage, qu'il éventre même quelques chiens à coups d'andouillers : il ne peut résister au nombre. Les chasseurs arrivent : l'un d'eux le frappe au jarret de son couteau pour l'abattre, ou lui envoie une balle dans l'épaule. On sonne le *massacre*; on coupe la tête au pauvre animal et on le livre aux chiens, qui foulent et dévorent le vaincu avec un acharnement qui témoigne de leur joie et de leurs appétits sanguinaires : c'est ce qu'on nomme la *curée*.

Il est à remarquer que le cerf et le daim se chassent en France pour la gloire bien plus que pour le profit, car on ne mange pas leur chair : il n'y a que la peau et les bois qui soient utilisés; cependant cette venaison est dédaignée à tort : cuite et mangée en temps convenable, surtout quand les animaux sont jeunes, elle vaut tout autre gibier. Leur nourriture entièrement végétale ne peut donner une âcreté nuisible à leur chair, qui tient beaucoup de celle du chevreuil, dont la mode a consacré l'usage comme étant la venaison la plus estimée.

Terminons par quelques expressions usitées dans cette chasse.

Détourner le cerf, c'est assurer qu'il n'est point sorti d'une enceinte où l'on sait qu'il réside; dans ce but on en fait faire le tour par la meute, qui cherche les voies les plus nouvelles, et par les chasseurs, qui se mettent aux aguets.

Le *donner aux chiens*, ce n'est pas le leur abandonner quand il est forcé; c'est, au contraire, au début de la chasse, les lancer à sa suite après les avoir découplés.

Le cerf *forlonge*, lorsque, trouvant libre devant lui un vaste espace, il réussit à prendre beaucoup d'avance sur les chiens.

Il *va d'assurance* lorsque, ne se croyant pas poursuivi, il ne court point; son allure est alors ferme, droite, pleine d'assurance; ses pinces sont serrées l'une contre l'autre.

On dit qu'il *brosse* lorsqu'on l'entend briser avec ses bois les branches sur son passage.

On dit qu'il est *aux abois* lorsqu'il renonce à la lutte, parce que, dans ce moment, la meute qui l'environne redouble ses aboiements en attendant l'arrivée des chasseurs. Il est *accoué*, lorsque le veneur, armé du couteau, vient lui donner le coup de grâce.

Le cerf *brame* dans le temps du rut pour appeler la biche; on ne l'entend crier dans aucune autre occasion. On sait qu'au moment de succomber il éprouve une émotion particulière qui lui fait répandre des larmes.

CHASSE AU DAIM.

Quoique assez semblable au cerf par ses mœurs et par les bois qui ornent sa tête, le daim en diffère pourtant essentiellement sous plusieurs rapports. Sa taille est beaucoup plus petite, son pelage est plus varié; il a le dessous du ventre blanc, des raies noires régulièrement tracées sur le dos et sur les fesses, et des taches blanchâtres répandues sur les flancs. Jamais il ne vit en commun avec le cerf, et leurs races ne se mélangent pas; il vit moins longtemps;

il est aussi moins robuste et plus facile à appri-
voiser ; sa chair est délicate et fort estimée en Angleterre. La femelle porte aussi longtemps que la
biche et met bas rarement plus de deux petits nommés *faons* comme les jeunes cerfs.

Cette chasse diffère trop peu de celle du cerf
pour que nous entrions de nouveau dans des détails
qui seraient fastidieux, nous dirons seulement
qu'elle plait davantage aux chiens, qui y mettent
encore plus d'ardeur. Cependant ils ont à lutter
contre des ruses plus nombreuses, et sont souvent
mis en défaut par l'habileté du daim à revenir sur
ses voies, à les embrouiller et à se tenir coi, couché dans les taillis, tandis que ses ennemis passent
à côté de lui sans le voir, trompés, par les émanations multiples qu'il a répandue à quelque distance de sa retraite.

Les daims vivent ordinairement en *hardes* ou en

bandes sur les collines boisées ; mais ils sont rares
en France, ainsi que tout le gibier de haute taille.
Le morcellement infini des propriétés, la destruction des vastes domaines, en répandant plus d'ai-

sance dans les masses, ont eu pour conséquence de réduire les plaisirs de la grande chasse, si recherchée autrefois des gens de haut parage, mais si onéreuse pour les petits par les dégâts de toute sorte qu'ils occasionnaient.

CHASSE AU CHEVREUIL.

Le chevreuil est le gros gibier le plus répandu en France, parce qu'il peut vivre dans les parcs de moyenne grandeur (cent hectares au moins), qui sont encore assez nombreux, et parce qu'il est recherché pour la délicatesse de sa chair. Sa chasse, assez semblable à celle du cerf, demande un moins grand appareil, mais n'en est pas moins forte intéressante à cause des ruses et de l'extrême vivacité de l'animal, si remarquable déjà par la grâce de ses formes et la souplesse de ses mouvements.

Il ne vit pas en hardes comme le cerf et le daim, mais seulement en famille. Chaque année, les faons, devenus grands, quittent père et mère pour s'établir à leur tour, c'est-à-dire qu'ils font bande à part et créent une nouvelle famille.

Au bout d'un an, en même temps que le désir de l'indépendance, le bois des jeunes chevreuils commence à paraître ; on les appelle alors *daguets* comme les jeunes cerfs, et *dix-cors* quand ils ont atteint leur croissance. Les chevreuils de deux ans sont désignés sous le nom de *brocards ;* c'est à cet âge qu'ils sont le plus recherchés par les chasseurs ; leur chair est encore plus tendre et plus savoureuse que chez les daguets, et ils ont assez de force pour que la chasse en offre quelque mérite.

Du reste, le chevreuil est moins craintif que le cerf ; s'il était plus fort, il serait dangereux, car son courage s'anime avec le péril, et il fait tête aux chiens et aux chasseurs ; mais il est si peu robuste, qu'un grain de plomb n° 4 qui l'atteint au col ou à l'épaule suffit pour le renverser. Peu défiant et comptant sur son agilité surprenante, il se laisse facilement tirer au passage ; mais s'il échappe aux coups de fusil, il est encore plus habile que le cerf et le daim à mettre les chiens en défaut.

Le chevreuil ne vit pas au delà de quinze ans ; la chevrette met ordinairement bas deux petits à la fois, un mâle et une femelle. Ils se nourrissent, comme les autres bêtes fauves, de bruyère, de pousses d'arbres, de végétaux divers, et se plaisent dans les taillis en pente, qu'ils quittent difficilement.

CHASSE AU SANGLIER.

Le sanglier, ou cochon sauvage, n'est pas si méchant qu'on veut bien le dire, ni si brave qu'on

lui en a fait la réputation ; mais il est comme tous les animaux, hommes compris, il tient à la vie, et

lorsqu'il est poussé à bout, il use de sa force et des
armes que la nature lui a données ; il devient dangereux, il blesse ou il tue tous ceux qui l'approchent sans précautions suffisantes. Mais jamais il
n'attaque le premier : il fuit l'homme et les chiens,
et ne demande qu'à rester tranquille dans le plus
fourré des bois, où il se vautre dans les endroits
marécageux, et fait la chasse aux lapins pour varier
sa nourriture ordinaire, composé de glands, de
châtaignes et autres fruits sauvages qu'il trouve en
abondance dans certaines forêts.

Les sangliers aiment la société de leurs semblables : c'est sans doute pour cela que la nature leur a
donné la faculté de se reproduire en si grand nombre, car la laie (la femelle) met bas à la fois de six
à dix marcassins (c'est le nom des petits pendant
les six premiers mois). Elle ne porte que quatre
mois, les allaite pendant autant de temps, et ne les
abandonne qu'au bout de deux ou trois ans, lorsqu'ils commencent à mériter le nom de *sanglier*.

Il est bon de remarquer que les chasseurs se sont
plu à varier, suivant l'âge, les noms de chaque animal sauvage, sans doute afin de se mieux comprendre, sans périphrase, au moment où l'animal est
débusqué. Ainsi on est d'accord pour appeler *bête de
compagnie* le sanglier d'un ou deux ans, parce qu'à
cet âge on les rencontre toujours en bande, composée sans doute des frère et sœurs, cousins et
cousines, parmi lesquels les unions se préparent.
Après deux ans, c'est un *ragot ;* on le trouve souvent
seul ; il se sent déjà en état de se défendre : cela
lui donne de la hardiesse. A trois ans, nous avons
vu que c'était le sanglier proprement dit. A quatre
ans on l'appelle *quartan ;* au delà, grand sanglier
tout simplement ; mais à sept ans on lui donne le

respectable nom de *solitaire*, qu'il garde jusqu'à la fin de ses jours, dont la durée peut atteindre trente ans. Or, comme il est en état d'engendrer à un an, on voit qu'il a le temps de peupler les forêts de sa progéniture.

Si le sanglier se contentait de la nourriture qu'il trouve dans les bois, on serait peut-être moins pressé de le détruire ; mais il aime bien aller à la maraude ; il est gourmand comme ses frères les cochons, qui nous rendent de si grands services sous ce nom peu honoré, et se font engraisser en échange de leur liberté. Quand il voit que les vivres diminuent dans la retraite qu'il s'était choisie, il la quitte en compagnie de tous ceux qu'il peut associer à sa fortune, et s'en va par monts et par vaux, mais surtout par champs cultivés, dévorant et bouleversant tout sur son passage, jusqu'à ce qu'il ait trouvé logis nouveau et climat à sa convenance. De là les haines qu'on lui porte et les chasses ardentes qu'on lui fait, chasses d'autant plus ardentes qu'elles sont quelquefois dangereuses, et qu'il n'est rien tel que le danger pour exciter la furie française, cette qualité particulière à notre race, qui nous fait si terribles dans les combats.

Partons pour la chasse au sanglier : notre garde nous a signalé un vigoureux solitaire qui retourne tous les jours le jardin d'un de nos métayers, situé à peu de distance de la forêt ; il l'a jugé de grande taille par ses *boutis* profonds (coups de boutoir dans la terre), l'étendue de sa *bauge* (l'endroit où il se vautre), et la grosseur de ses *laissées* (excréments) ; il est sûr que c'est un mâle, par la grosseur de ses *pinces*, la manière dont il les écarte, et les traces des pieds de derrière qu'il pose dans celles de devant (absolument comme le cerf).

Nous avons soin de choisir de forts chiens et un limier bien dressé; nous prenons de bons fusils à lingot et même à balle; nous partons six au moins, douze, si le nombre des amateurs le permet, et nous nous divisons par groupes de deux pour nous soutenir en cas de besoin.

Voici la meute lancée à grand bruit; le limier qui la précède arrive droit à la bauge, le sanglier part; mais, vieux routier qu'il est, il ne va pas loin, il veut effrayer les chiens et leur tient tête; ceux-ci se *récrient*, ils aboient à plein gosier, comme pour appeler les chasseurs à leur aide. Nous arrivons en effet, nous les encourageons par nos cris et nos fanfares, et nous forçons l'animal à partir de nouveau en lui envoyant une volée de coups de fusil. Il est atteint par deux ou trois lingots; mais tant qu'il n'a aucun membre cassé, le sanglier n'y fait pas grande attention; il court sans s'arrêter droit devant lui, et gare à tout ce qu'il rencontre! Mais avec du sang-froid il est facile à l'éviter; un bond de côté suffit pour cela, et si on ne se sent pas assez de vigueur et de présence d'esprit pour lui adresser au passage une balle ou un coup de couteau, on est bien sûr de ne pas être attaqué; il va tête baissée et se ne retourne que si, arrêté dans sa course par une blessure plus grave, il est forcé de *s'acculer* pour vendre sa vie aussi cher que possible.

C'est alors que les chiens, emportés par leur ardeur, sont assez souvent *décousus*, déchirés par les coups de boutoir de la bête devenue furieuse; c'est alors que le chasseur imprudent ou maladroit qui veut le frapper de trop près, et qui manque son coup, peut recevoir de graves blessures. Un coup de défense dans la cuisse ne se guérit pas facilement, et plus haut cela devient mortel: un de nos amis en est resté boiteux toute sa vie, un autre y a succombé.

Une précaution essentielle à prendre dès que le sanglier est tué, c'est de lui couper les *suites* (testicules), dont l'odeur est si forte qu'en peu d'heures elle gâterait toute la chair. Cette chair chez les vieux animaux n'est pas mangeable ; mais celle des jeunes est souvent excellente, et est bien préférable, pour la saveur, à celle du cochon.

CHASSE AU LOUP.

La chasse au sanglier est certainement utile, mais celle du loup l'est encore davantage, car il fait plus de tort aux campagnes par ses déprédations dans les troupeaux ; il s'attaque souvent aux femmes et aux enfants dans la saison où la faim le force à quitter ses retraites.

Le loup n'a rien qui intéresse à son sort ; il est laid et méchant ; sa fourrure est très-médiocre et sa chair bonne seulement à engraisser la terre ; il y a tout bénéfice à le détruire. Il ne devrait plus en exister en France après les chasses furieuses qu'on lui a faites ; il faut qu'il nous en vienne des pays étrangers. Il est vrai que les loups pullulent presque autant que les sangliers ; ils sont en état d'engendrer à deux ans et les louves font des portées de six à huit louveteaux.

On sait que le loup ressemble beaucoup de loin à nos chiens de forte race ; mais de près on remarque des différences notables. Il a le museau plus allongé, les oreilles plus courtes et droites comme celles du cheval, le regard oblique et brillant, surtout la nuit ; il a la queue droite, grosse, garnie de longs poils. Sa constitution est extrêmement ro-

buste: il résiste longtemps à la faim et à la fatigue.
S'il était aussi courageux qu'il est fort, il serait ter-
rible , mais comme tous les naturels méchants, il est
poltron, et ne fait le mal que quand il se croit sûr
de l'impunité.

La chasse du loup ressemble à celle que l'on fait
au sanglier, si ce n'est que les chiens y éprouvent

une plus grande répugnance. Quand il est jeune, il
ruse volontiers comme le chevreuil, parce qu'il a
plus de souplesse; mais quand il devient vieux, se
fiant dans la vitesse de sa course et dans la force de
ses jambes réellement infatigables, il court droit
devant lui, tout en cherchant les endroits couverts,
car il est plus intelligent que le sanglier, et la ruse
chez lui remplace le courage.

Il est presque impossible de forcer le loup à la
course, tant il est vigoureusement organisé; il fait
facilement seize kilomètres à l'heure, et peut soutenir ce train-là pendant une journée entière. On a
vu de ces animaux, dans l'intervalle du soir au ma-

tin parcourir cent soixante kilomètres, et le fait était facile à constater puisqu'on les retrouvait le lendemain à cette distance du lieu où on les avait rencontrés la veille.

Il s'agit donc de l'atteindre au débouché et d'être un assez grand nombre de chasseurs pour que, si l'un le manque, l'autre ne le manque pas. On s'échelonne sur le chemin que l'animal devra parcourir d'après la connaissance que l'on a de ses habitudes, et il est rare qu'il échappe à une fusillade multipliée.

Les battues s'emploient plus fréquemment que la chasse à courre pour détruire ces hôtes dangereux des forêts. Comme ils sont les ennemis de tous, chacun s'empresse à donner son concours. Lorsqu'un ou plusieurs loups sont signalés dans le voisinage, cela devient une partie de plaisir pour les villages environnants; c'est par centaines que l'on compte les traqueurs ou batteurs d'estrade qui cernent la retraite du loup et le forcent, en resserrant de plus en plus le cercle formé, à sortir de sa retraite.

Les tireurs sont nécessairement en plus petit nombre que les traqueurs; l'important pour eux est de bien s'entendre et de se poser de telle sorte que, tout en restant cachés, ils ne courent point le danger de se blesser, ni eux, ni les traqueurs, au signal convenu pour tirer; aussi est-il expressément défendu de tirer sous le bois, mais toujours en dehors de l'enceinte, et seulement sur l'animal attendu, sans se laisser séduire par l'appât d'un autre gibier qui pourrait se présenter.

Il est assez rare que dans ces battues, le loup, se voyant cerné, se jette sur l'homme pour se frayer un passage, à moins qu'il ne soit devenu furieux; étourdi par les cris et le tintamarre assourdissant que font les traqueurs armés de fourches, de poêles, de chaudrons et d'instruments de toute sorte, musique vocale et instrumentale réellement infernale, il ruse tant qu'il peut, s'échappe quelquefois par une ouverture laissée un peu trop large entre deux traqueurs; et, s'il ne rencontre pas de ce côté des tireurs apostés ou des chasseurs adroits, il a toute chance d'échapper pour ce jour-là, souvent même pour longtemps, car il ne revient jamais immédiatement dans le pays où il s'est vu signalé d'une si rude façon à l'animadversion générale. Il n'y a que le cas où c'est une louve qui a été forcée d'abandonner ses petits; l'instinct maternel la ramène près d'eux, et il ne fait pas bon à vouloir les lui arracher avant de l'avoir mise elle-même hors de combat, car elle montre tout le courage des animaux plus braves et se précipite sans hésiter sur l'agresseur.

Il est à remarquer que les loups sont sujets à la rage comme les chiens, et c'est une circonstance qui rend leur chasse encore plus nécessaire; il se passe peu d'années sans que l'on cite quelque triste exemple de morsures faites par ces animaux et devenues mortelles par suite du virus rabique inoculé sans que le blessé pût en avoir connaissance.

CHASSE AU RENARD.

Autant les chiens répugnent à chasser le loup, autant ils se lancent avec plaisir à la poursuite du renard; c'est sans doute une des causes qui ont mis cette chasse à la mode en Angleterre, où les meutes, plus nombreuses que chez nous, ont besoin d'exercice; d'ailleurs tous les chiens y sont bons.

On trouve plus facilement du renard dans les domaines de toute étendue, que des bêtes fauves ou

des bêtes noires. Quant aux loups, nos heureux voisins, en leur qualité d'insulaires, ont pu les détruire
tous ; ils n'en reçoivent pas comme nous des forêts
de l'Allemagne, des Alpes ou des Pyrénées.

Aussi carnassier, mais plus faible et plus petit
que le loup, plus joli et plus rusé, presque aussi infatigable et réunissant les avantages du terrier, où
il se cache, à ceux de la course, où il excelle, le renard est en effet un sujet de chasse intéressant. Sa

fourrure est recherchée et paye une partie de la peine
qu'on se donne pour l'obtenir. L'odeur très-forte
qu'il exhale est désagréable et lui a valu d'être mis
au rang des *bêtes puantes*; mais le chasseur n'y regarde pas de si près et y trouve pour ses chiens l'a-
vantage que la piste est plus facile à suivre.

Le renard est généralement roux par tout le corps,
sauf l'extrémité de la queue, quelques petites places
du poitrail et les pattes de devant, qui sont souvent
garnies de poils tout blancs ou tout noirs. Il a la
queue longue et touffue, le museau pointu, le corps

allongé et d'une grande souplesse, comme tous les animaux à terrier ; il voit clair la nuit, ce qui en fait un maraudeur dangereux pour les basses-cours mal gardées.

Il mérite, sous le rapport de la ruse, la réputation que notre bon La Fontaine lui a faite ; non-seulement il emploie à son usage les artifices que nous avons déjà racontés en parlant du cerf et du chevreuil, mais il en ajoute beaucoup d'autres ; il sait, entre autres, contrefaire parfaitement le mort, et on a vu des renards qui, après avoir été foulés et retournés par les chiens sans donner signe de vie, profitaient d'un moment de distraction pour décamper lestement sans tambours ni trompettes.

Quelles que soient pourtant les ruses du renard, elles sont le résultat d'un instinct qui ne varie guère, et elles cèdent facilement à la sagacité de l'homme, pour peu que celui-ci se donne la peine de les observer avec attention. Ainsi le renard a soin de ménager plusieurs issues à son terrier ; mais en les cherchant on les trouve, on les bouche, sauf une, où on l'attend si on veut le tirer au fusil, ou bien on y place une bourse ou un piége si on veut le prendre vivant. Pour le faire sortir de son terrier par cette issue laissée libre, on lance par l'ouverture principale un basset ou tout autre chien dressé à ce manège, et bientôt le renard, qui ne se défend contre les chiens que s'il a des petits, cherche à fuir par les issues qu'il s'est réservées ; les trouvant fermées, il est forcé de revenir à la seule restée libre. Si on le manque à ce moment, il faut attendre qu'il revienne et recommencer la même opération.

On a remarqué que le renard, après avoir été débusqué, fait un grand tour, puis revient exactement, à une distance à peu près toujours la même de son

lancé, à 100 mètres par exemple, sur sa passée précédente, sans doute afin de dépister les chiens. Une
fois cette observation faite, il ne s'agit plus que d'attendre l'animal au retour en se cachant dans un
fourré. Si l'on a bien suivi des yeux le passage des
chiens collés à la voie, on est sûr de l'avoir, au bout
d'un quart d'heure, à portée de son fusil ; seulement,
comme dans toute espèce de chasse, il faut avoir
soin de se placer à bon vent pour n'être pas senti
par le renard : il a le nez fin, et il sait que quand
l'odeur de l'homme lui arrive, il a tout à craindre
de sa présence.

On trouvera plus loin la description des piéges
qu'on emploie contre le renard et la manière de l'en-
fumer pour le faire sortir de son terrier.

CHAPITRE V

CHASSE A TIR ET A L'AFFUT.

Si l'on tue un cerf ou un daim autrement qu'à la chasse à courre, ce n'est plus qu'un meurtre qui ne mérite pas le nom de chasse ; mais les autres animaux, à commencer par le chevreuil, sont une proie trop séduisante ou des ennemis trop dangereux pour qu'il ne soit pas permis de leur faire la guerre par tous les moyens possibles. Qu'un chasseur isolé voie un chevreuil à portée, il ne pourra résister à l'envie de lui envoyer un coup de fusil s'il en a le droit : c'est une trop belle prise pour qu'il ne s'énorgueillisse pas de son succès.

CHASSE AU CHEVREUIL.

Commençons donc par le chevreuil, et disons qu'il

est toujours fâcheux de tuer des femelles ; mais enfin, si l'on veut arrêter la propagation de ces animaux dans un bois, ce qui est quelquefois nécessaire, il faut bien s'y résigner ; dans ce cas on fait venir aisément la chevrette en imitant le petit cri plaintif du faon ; elle arrive alors sans défiance et tombe sous le plomb fatal.

Si c'est un mâle qu'on cherche à tuer à l'affût, il s'agit de bien étudier ses passées, de se cacher, le soir ou le matin, à peu de distance de la passée la plus récente, en se mettant sous le vent, et de rester en place sans bouger jusqu'à ce qu'il vienne, suivant son habitude, brouter quelque taillis ou se désaltérer à une mare ; puis quand on l'a *beau*, c'est-à-dire se présentant bien au coup de fusil, il faut l'ajuster, sans se presser, au col ou à l'épaule. Mais si l'on fait le moindre bruit extraordinaire, si l'animal a le temps de prendre l'éveil avant le coup tiré, il n'y faut plus compter, car il fuit rapide comme l'éclair, et il ne reviendra pas de sitôt s'exposer à semblable surprise.

Il nous paraît inutile de revenir sur la chasse à l'affût pour chaque espèce d'animal ; on comprend que pour tous le succès dépend toujours de la sagacité des observations faites par le chasseur, ainsi que de sa patience et de son adresse ; il doit connaître les habitudes du gibier, les heures où il est le plus sûr de le trouver au passage, et surtout se tenir toujours sous le vent ; sans cette dernière précaution, il aurait beau guetter sa proie pendant des semaines entières, si le vent ne changeait pas il ne verrait jamais rien venir. — On tue à l'affût un bon nombre de loups ; mais il faut se munir de fusils à balle et à coup double, car il est bien autrement dangereux et dur à tuer que le chevreuil.

CHASSE AU CHAMOIS.

Le chamois, qui, comme les ours, n'habite que les montagnes, est devenu très-rare en France ; sa chair est bonne à manger, quand il est jeune, et la valeur de sa peau l'a fait tellement rechercher par les chasseurs, qu'ils n'en trouvent plus que sur les cimes les plus escarpées des Alpes et des Pyrénées. Cet animal inoffensif n'offre pas les mêmes dangers que l'ours comme lutte corps à corps, mais il en présente d'aussi grands par la difficulté de l'atteindre au milieu des rocs à pic qu'il aime à parcourir, qu'il gravit avec une facilité prodigieuse, et où les chasseurs le suivent souvent au péril de leur vie.

Le chamois n'est autre chose qu'un bouc sauvage, mais avec une finesse de sens bien plus développée que chez le bouc domestique, des formes plus sveltes, des allures plus vives. L'air pur des montagnes aiguise sa vue, son ouïe et son odorat ; il est doué d'une intelligence telle, qu'il sait placer des sentinelles en vedette sur le haut des rochers pour protéger sa famille occupée à pâturer dans les bois ou à mi-côte. Les plus anciens de la troupe, comme plus expérimentés, se chargent de ce soin ; si quelque chose de suspect paraît à l'horizon, ils ont bientôt, par un cri particulier, donné le signal à toute la bande, qui disparaît en un clin d'œil dans les endroits les plus inaccessibles.

Pour être sûr de faire une chasse fructueuse et agréable, on se réunit un grand nombre de chasseurs, de manière à cerner la localité où l'on est certain de trouver le gibier cherché, et on le resserre peu à peu dans une enceinte où convergent tous les coups de fusil ; mais reste toujours la difficulté d'atteindre l'animal dans les escarpements des rochers et les retraites qu'il s'est ménagées dans les flancs des précipices. C'est là qu'est le danger pour les chasseurs imprudents ; ils ont beau s'armer de crampons aux pieds, de bâtons ferrés et pointus, de crochets pour se retenir dans les pentes presque à pic, il arrive trop souvent que le point d'appui leur manque et qu'ils vont rouler au fond des abîmes.

Les chiens sont inutiles pour la chasse au chamois ainsi que pour celle de l'ours ; mais il faut de bonnes armes à longue portée, et l'on emploie avec avantage les carabines à balle forcée, qui atteignent à 600 et 800 mètres ; cependant un long fusil et des chevrotines sont suffisants pour venir à bout du chamois.

Tout ce que nous venons de dire s'applique au *bouquetin*, qui est une espèce intermédiaire entre le chamois et le bouc ordinaire : seulement il cherche des sommets encore plus élevés que le chamois, il est plus hardi dans sa défense quand on le serre de près, et peut devenir dangereux , cependant il s'apprivoise assez facilement dans sa jeunesse, et se mêle volontiers aux troupeaux de boucs et de chèvres domestiques.

CHASSE A LA LOUTRE.

Cet animal devient rare en France et dans tous les pays civilisés, parce qu'étant grand destructeur de poissons et muni d'une fourrure imperméable très-recherchée, il a contre lui tous ceux qui ne veulent pas lui laisser le monopole de la pêche, et tous ceux qui convoitent sa peau, d'autant plus précieuse qu'elle est plus difficile à trouver.

La loutre est presque un amphibie, car elle ne se plaît qu'au bord des rivières et des étangs, et elle peut rester longtemps entre deux eaux sans venir respirer à la surface. Elle ne se nourrit que de poissons, et sa chair en conserve tout à fait le goût : aussi ne compte-t-elle pas parmi les aliments gras ; mais sa nature huileuse la fait dédaigner de la plupart des chasseurs.

Ce quadrupède est presque aussi gros que le renard, mais son corps est plus rond, moins allongé et porté sur des jambes plus courtes qui le font paraître plus petit. Il a les épaules larges et le train de derrière mince en comparaison du train de devant ; le museau plat, muni de longues moustaches, orné de petits yeux et surmonté d'oreilles très-courtes. Ses pieds, destinés à lui servir de rames, sont palmés comme ceux des canards et autres oiseaux d'eau ; sa queue est longue, grosse à l'origine et mince à l'extrémité ; son poil, épais, fin et luisant, est brun sur le dos, blanchâtre sous le ventre; il est supérieur pour la durée à la plupart des autres fourrures.

Quand on a remarqué la passée d'une loutre dans un pré humide ou sur le bord d'un cours d'eau, on peut, en la guettant au passage, réussir à la tuer, et par conséquent faire seul cette chasse, accompagné d'un bon chien basset ou de tout autre ne craignant pas l'eau; mais le plus sûr est d'y aller avec plusieurs chiens et même plusieurs compagnons de chasse, car on manque la loutre facilement, et si elle peut regagner l'eau, qui est son refuge, même quand elle est blessée, il n'est pas aisé de la faire sortir de son trou. Elle se creuse un domicile dans les îlots qui se rencontrent au milieu de presque toutes les rivières, en ayant soin d'établir des communications sous-marines avec la terre ferme; elle se cache au besoin sous les racines des saules, des aulnes et des peupliers qui bordent ordinairement les moindres cours d'eau; et si l'on n'a pas avec soi au moins des enfants chargés de fouiller ces racines avec des fourches, et de battre avec des bâtons les touffes de roseaux, ainsi que des chiens occupés à guetter la loutre et à la forcer de fuir du côté de la terre, on risque fort de ne plus la revoir, et il faut remettre la chasse à un autre jour.

Il est facile de reconnaître le passage de la loutre à ses *laissées* (excréments) toujours remplies d'arêtes de poissons et de débris d'écrevisses, dont elle est très-friande. Elle a l'habitude de les déposer toujours au même endroit, auprès d'un objet saillant ou brillant, une pierre blanche par exemple, à peu de distance de l'eau. Le chasseur n'a, la nuit venue, qu'à se poster en silence à une vingtaine de mètres de cet endroit qu'il aura remarqué pendant le jour, et s'il a soin de se cacher derrière un pli de terrain, un arbre, des broussailles ou un pan de mur, il ne tarde pas à voir l'animal, qu'il peut alors ajuster à son aise.

Quant on attrape une jeune loutre vivante, on peut la dresser à prendre du poisson pour le compte de son maître ; elle s'en acquitte à merveille et s'apprivoise presque aussi facilement qu'un jeune chat, dont elle a un peu la souplesse et le désir d'être caressée.

CHASSE AU BLAIREAU.

Le blaireau est à peu près de la forme et de la grosseur de la loutre, mais ne vit pas comme elle aux dépens du poisson ; ses mœurs sont toutes différentes : c'est dans le plus épais des bois, aux endroits les plus reculés, les plus solitaires, qu'il établit son domicile souterrain. La nature l'a doué d'armes suffisantes pour se mettre en sûreté et pour se défendre ; il a la mâchoire très-forte, les dents acérées, et les ongles des pieds si résistants, surtout ceux de devant, qu'il ouvre la terre avec la plus grande facilité et se creuse rapidement des terriers profonds, obliques, tortueux, où il peut s'abandonner avec sécurité à son naturel paresseux. Mais il a souvent pour premier ennemi le renard, qui, plus rusé et presque aussi paresseux que lui, et n'ayant pas les mêmes facilités pour creuser la terre, trouve très-commode de déloger le blaireau de son terrier et de s'y installer à sa place, sauf à l'agrandir et à le disposer ensuite à sa convenance.

Si le blaireau ne dévorait que les reptiles, les lézards, les mulots et les sauterelles, il serait sans doute moins persécuté par les chasseurs ; mais, outre que son poil n'est pas sans valeur, il a le tort de faire une guerre acharnée aux lapereaux, aux perdrix et aux nids d'oiseaux, qu'il détruit en grand nombre ; quand il est à portée des habitations, il s'attaque même à la volaille comme le renard, et va dans les champs pendant la nuit se régaler de raisin, de maïs et autres récoltes qu'on ne fait pas venir pour lui.

Cet animal est remarquable par une glande placée sous la queue, et qui sécrète continuellement un liquide gras excessivement fétide ; on lui reproche aussi de donner presque toujours la gale aux chiens qui s'aventurent dans son terrier : cependant il ne manque pas d'un certain instinct de propreté, car on a remarqué qu'il ne déposait jamais ses ordures dans son domicile.

Le blaireau surpris en dehors de son terrier ne peut espérer d'échapper par la fuite, car il est lourd et lent à la course ; mais il se défend intrépidement contre les chiens : il se renverse sur le dos et se sert alors avec une grande vigueur de ses dents et de ses ongles ; sa morsure est cruelle. Il a la vie très-dure, combat jusqu'à la dernière extrémité, et quand on ne peut l'achever à coups de fusil de peur de blesser les chiens, il faut l'assommer à coups de bâton.

La couleur du poil du blaireau, à l'opposé de la loutre, est blanche en dessus et brune en dessous ; sa chair se mange rarement.

CHASSE AU LIÈVRE ET AU LAPIN.

Nous voici arrivés aux chasses les plus ordinaires et les plus faciles, à celles qui donnent le plus de jouissances en même temps qu'elles offrent le moins de danger : il s'agit de la chasse au lièvre et au lapin dit *de garenne* ou lapin sauvage.

Le lièvre est un joli animal, à la mine éveillée, aux mouvements brusques, à la course rapide; il est plus petit que le renard, mais plus ramassé, plus charnu. Il est remarquable par ses oreilles très-allongées et presque couchées sur le dos, par sa lèvre supérieure fendue jusqu'au nez et ornée de longues moustaches, par les quatre incisives qu'il laisse voir en relevant continuellement sa mâchoire supérieure avec un petit mouvement saccadé, et enfin par sa queue très-courte et un peu relevée. Il a aussi cette particularité, que ses pattes de derrière, étant beaucoup plus longues que celles de devant, lui permettent de gravir facilement les montagnes et de faire des bonds prodigieux.

Le lièvre ne jette une odeur un peu forte que quand il est déjà échauffé par la course; aussi les chiens ont quelquefois de la peine à suivre sa voie au début d'une chasse. Des chiens courants bien dirigés doivent forcer le lièvre en quatre heures ; mais si celui-ci, toujours fort rusé, réussit à donner le change ou à se faire remplacer par un camarade plus frais qu'il chasse de son gîte, il faut quelquefois une journée pour le retrouver et en venir à bout, heureux si on ne le perd pas tout à fait.

Il est vraiment curieux de voir avec quel instinct ces pauvres animaux savent échapper à leurs ennemis par des ricochets habiles et des évolutions successives. Les livres de chasse anciens et nouveaux sont remplis de traits de malice ou de sagacité plus ou moins véridiques, mais qui dénotent toujours que de tout temps on a remarqué l'intelligence des lièvres. Ce qu'il y a de certain, c'est qu'il leur arrive souvent, au milieu d'une chasse, d'aller chercher un refuge, soit au milieu d'un troupeau de moutons, soit dans une étable ou dans tout autre abri que ni chasseurs ni chiens ne pensent à visiter.

Les lièvres ne vivent guère que sept à huit ans, mais ils multiplient beaucoup et sont en état d'engendrer dès la première année; aussi dans les grandes chasses que l'on fait quelquefois dans les forêts gardées, n'est-il pas rare de les abattre par centaines, ce qui n'empêche pas d'en retrouver autant l'année suivante.

Le lièvre ne vit pas en troupes, il n'a pas de terrier; il se gîte dans le premier endroit venu, dans une haie, au pied d'un buisson, dans un trou peu profond formé par la réunion de quelques mottes de terre superposées, dans les sillons d'un champ de céréales; il se pelote de telle sorte qu'il déguise sa grosseur réelle, et que la couleur de sa fourrure se confond avec le terrain environnant; ce n'est pourtant pas un petit animal; son poids moyen en France est de quatre kilogrammes; des sujets de deux et trois ans en pèsent souvent plus de six.

Les habitudes du lièvre sont faciles à connaître: il se tient en été dans les champs, en automne dans les vignes, en hiver et au printemps dans les buissons et dans les bois. Il trotte toute la nuit pour chercher sa nourriture, prendre de l'exercice et choisir le lieu où il passera sa journée, car il fait comme nos gens du grand monde, il fait du jour la nuit, et de la nuit le jour; il se couche quand le chasseur se lève, et si celui-ci est assez matinal, il a chance de reconnaître, à la vapeur légère qui s'échappe au pied de quelque buisson par les temps froids, la place où vient de s'établir un lièvre encore tout suant des courses désordonnées de la nuit.

6

Combien de pauvres animaux ont dû leur perte à cette simple observation !

Quels que soient les tours d'adresse que l'on cite de la part des lièvres, ils se contentent, la plupart du temps, lorsqu'ils sont lancés, de courir rapidement et ensuite de tourner et de retourner sur leurs pas; ils ne dirigent pas leur course contre le vent, mais du côté opposé. Les femelles ne s'éloignent pas tant que les mâles, et tournoient davantage. En général, les lièvres qui sont nés dans le lieu

même où on les chasse ne s'en écartent guère, ils reviennent au gîte ; et, si on les chasse deux jours de suite, ils font le lendemain les mêmes tours et détours qu'ils ont faits la veille.

Lorsqu'un lièvre va droit et s'éloigne beaucoup du lieu où il a été lancé, c'est une preuve qu'il est étranger et qu'il n'était en ce lieu qu'en passant. Il vient en effet, surtout dans le temps du rut, qui a lieu dans les trois premiers mois de l'année, des lièvres mâles qui, manquant de femelles (on les nomme *hases*) dans leur pays, font jusqu'à trois et quatre myriamètres pour en trouver, et s'arrêtent auprès d'elles ; mais dès qu'ils sont lancés par les chiens, ils regagnent leur pays natal et ne reviennent plus.

Les femelles ne sortent jamais de leur pays natal ; elles sont plus grosses que les mâles, et cependant elles ont moins de force et d'agilité ; elles sont aussi plus timides, car elles n'attendent pas au gîte les chiens de si près que les mâles, et elles multiplient davantage leurs ruses et leurs détours. Leur tempérament est délicat, elles craignent l'eau et la rosée, au lieu que parmi les mâles il s'en trouve plusieurs qu'on appelle ladres, qui cherchent les eaux et se font chasser dans les étangs, les marais et autres lieux fangeux. Ces lièvres ladres ont la chair de fort mauvais goût, et en général tous ceux qui habitent les pays bas et humides ont la chair insipide et blanchâtre, tandis que ceux qui fréquentent les collines, où le serpolet et les autres herbes fines abondent, sont excellents au goût, même quand ils sont vieux. On remarque seulement que, même dans ces pays élevés, les lièvres qui demeurent au fond des bois ne valent pas ceux qui en habitent les lisières ou qui se tiennent dans les champs et dans les vignes, et que les femelles ont toujours la chair plus délicate que les mâles.

La nature du terroir influe sur ces animaux comme sur tous les autres ; les lièvres de montagne sont plus grands que ceux de plaine, et ils diffèrent aussi de couleur ; ils sont plus bruns sur le corps et ont plus de blanc sous le cou que ceux de plaine, qui sont presque rouges. Dans les hautes montagnes et dans les pays du Nord, ils deviennent blancs pendant l'hiver et reprennent en été leur couleur ordinaire; mais en vieillissant ils blanchissent plus ou moins et pour toujours. On a remarqué que le lièvre est d'autant plus grand et plus fort qu'il habite un pays plus froid; aussi, ceux d'Italie, d'Espagne et d'Afrique sont-ils plus petits que ceux de France et des contrées septentrionales de l'Europe.

Le lièvre se laisse ordinairement approcher de fort près, soit qu'il ne voie pas devant lui, comme beaucoup de chasseurs le prétendent, soit qu'il se fie sur la vélocité de ses jambes et ne croie au danger qu'au dernier moment. Il craint les chiens plus que les hommes; et quand il voit ou entend les premiers, il part de plus loin. Il court plus vite qu'eux; mais comme il perd beaucoup de temps et de forces à tourner et retourner autour de l'endroit d'où il a été lancé, il est forcé en quelques heures. Quand il était permis d'employer des lévriers à cette chasse, ces chiens si lestes, qui chassent à la vue plutôt qu'à l'odorat, coupaient promptement le chemin au lièvre, le saisissaient et le tuaient avant même l'arrivée du chasseur.

Le lapin a une grande ressemblance avec le lièvre: il a comme lui la lèvre supérieure fendue jusqu'aux narines, les oreilles allongées et la queue courte; mais il est beaucoup plus petit, du moins à l'état sauvage, et ses habitudes sont différentes à ce point qu'il y a pour ainsi dire antipathie entre les deux races: les cantons habités par l'une sont généralement peu fréquentés par l'autre; les accouplements entre elles sont excessivement rares et souvent improductifs.

La fécondité des lapins est encore plus grande que celle des lièvres; ces animaux multiplient si prodigieusement dans les pays qui leur conviennent, qu'ils finissent par détruire toute la végéta-

tion, herbes, racines, graines, légumes, fruits et
même arbrisseaux ; et si l'on n'avait pas contre eux
le secours des furets et des chiens, ils feraient dé-
serter les habitants des campagnes. On comprend
quels ravages ils occasionnaient dans les temps où
le gibier était tellement protégé, qu'un paysan en-
courait la pendaison quand il se permettait de
tuer et de manger sans autorisation un lapin qui
avait dévoré une partie de ses récoltes. La loi ac-

tuelle, plus humaine et plus prévoyante, rend les
propriétaires de forêts et de garennes responsables
des dégâts commis dans le voisinage par ces hôtes
incommodes de leur vivant, mais excellents en gi-
belotte après leur mort.

Non-seulement le lapin produit plus que le lièvre, mais il a aussi plus de ressources pour échapper
à ses ennemis, qui du reste sont nombreux, car le
sanglier, le loup, le renard, le blaireau, le furet et
plusieurs sortes d'oiseaux de proie lui font la guerre.
Il se creuse dans la terre des trous où il se retire

pendant le jour, où il fait ses petits, où il élève sa famille, qui évite ainsi tous les inconvénients du bas âge, pendant lequel au contraire les lièvres, sans abri, périssent en plus grand nombre.

Cela prouve que le lapin est supérieur au lièvre par sa sagacité. Tous deux sont conformés de même et pourraient également se creuser des retraites; tous deux sont également timides à l'excès; mais l'un, moins prévoyant, se contente de se former un gîte à la surface de la terre, où il demeure continuellement, tandis que l'autre, par un instinct plus réfléchi, se donne la peine de fouiller la terre et de s'y pratiquer un asile; et il est si vrai que c'est par calcul et par sentiment qu'il travaille, que l'on ne voit pas le lapin domestique faire le même ouvrage; celui-ci se dispense de se creuser une retraite, comme les oiseaux domestiques se dispensent de faire des nids; et cela, parce qu'ils sont également à l'abri des inconvénients auxquels sont exposés les lapins et les oiseaux sauvages. On a souvent remarqué que, quand on a voulu peupler une garenne avec des lapins *clapiers* ou domestiques, ces lapins et leur progéniture restaient, comme les lièvres, à la surface de la terre, et que ce n'était qu'après un certain nombre de générations, après avoir éprouvé longtemps les inconvénients de cette manière de vivre, qu'ils commençaient à creuser la terre pour se mettre en sûreté.

Les lapins peuvent engendrer et produire à l'âge de cinq à six mois; le mâle, quoique très-ardent dans ses amours, paraît s'attacher beaucoup à sa femelle (qu'on nomme *hase* comme celle du lièvre), qui est toujours disposée à le recevoir, jusqu'au moment où elle va mettre bas. Connaissant alors l'impatience et la jalousie du mâle, trop souvent disposé à dévorer ses petits dès leur naissance pour rentrer de suite en jouissance de ses droits, la femelle a soin, quelques jours avant de mettre bas, de creuser un nouveau terrier, non pas en ligne droite, mais en zigzag, au fond duquel elle pratique une excavation; après quoi elle s'arrache sous le ventre une assez grande quantité de poils, dont elle fait une espèce de lit pour recevoir ses petits. Pendant les deux premiers jours, elle ne les quitte pas; elle ne sort ensuite que lorsque le besoin la presse, et revient dès qu'elle a pris sa nourriture; elle soigne ainsi et allaite ses petits pendant plus de six semaines. Jusqu'alors le père ne les connaît point; il n'entre point dans le terrier qu'a pratiqué la mère; souvent même, quand elle en sort, elle a soin de fermer l'entrée avec de la terre détrempée de son urine; mais lorsque les petits commencent à venir au bord du trou et à manger du seneçon et et d'autres herbes que la mère leur présente, le père semble les reconnaître, il les prend entre ses pattes, il leur lustre le poil, et tous, les uns après les autres, ont également part à ses soins; dans ce même temps la mère lui fait beaucoup de caresses et souvent devient pleine quelques jours après.

La hase porte trente à trente et un jours et produit quatre, cinq, six, et quelquefois sept, huit petits; et comme elle entre en chaleur dès qu'elle a fait l'allaitement, soit au bout de six semaines, on voit qu'elle peut faire une portée au moins par saison.

Les lapins vivent huit à neuf ans, un peu plus que les lièvres; plus tranquilles que ceux-ci grâce à leurs terriers, ils prennent aussi plus d'embonpoint; leur chair est également très-différente par la couleur et le goût; elle est blanche autant que l'autre est brune ; celle des lapereaux est très-délicate, mais celle des vieux lapins est sèche et dure. Il semble que le contraste entre les deux natures soit complet : autant les lièvres se plaisent au froid, autant les lapins aiment la chaleur ; aussi sont-ils originaires des climats brûlants, et peu à peu ils se sont naturalisés en Europe ; mais dans le Nord on ne peut les élever que dans l'intérieur des maisons : ils périssent dès qu'on les abandonne en pleine campagne.

Le lapin habite les terrains boisés couverts de pierres et de rocailles, les pays sablonneux, les collines à pente douce où il peut creuser des terriers sans craindre de les voir inondés, comme ils le seraient en plaine dans les mauvais temps. Les terriers que les femelles se creusent au moment de mettre bas se nomment plus particulièrement des *rabouillères*.

Mais il est temps d'entrer dans quelques détails sur la chasse à tir appliquée à ce menu gibier. On fait cette chasse, tantôt seul, tantôt en compagnie de plusieurs amis ; mais la manière de s'y prendre est à peu près toujours la même. Il s'agit d'avoir de bons bassets et d'explorer avec eux une étendue de terrain plus ou moins grande où l'on espère rencontrer du gibier. On commence par se placer à bon vent, c'est-à-dire le vent au nez le plus possible, afin de recevoir les émanations du gibier au lieu de lui envoyer celles du chasseur ; on marche lentement, silencieusement, l'œil au guet sur le chien pour le guider, le ramener ou le pousser en avant suivant l'occurrence, ou le suivre si on s'aperçoit qu'il est sur la voie. S'il tombe en arrêt, il faut aller plus doucement encore, l'arme prête, appuyée sur la main gauche, et la main droite à la détente ;

tâchez de tourner le gibier et de le tirer à bonne portée au moment où il part; s'il tient ferme, faites un léger bruit pour le forcer à décamper.

Les endroits où l'on trouve le lièvre varient suivant les saisons; quand il fait chaud, il se tient dans les champs couverts de plantes à haute tige, comme les vignes, les pommes de terre, les betteraves, les luzernes avant la dernière coupe, qui l'abritent du soleil; quand il pleut, comme il n'aime pas à avoir les oreilles mouillées, il préfère les chaumes, les sillons les moins humides, les terrains rocailleux; dans l'arrière-saison, à la fin de l'automne, il devient sensible au froid et se retire volontiers sur les pentes exposées au midi, dans les terres profondément labourées, surtout dans les fumiers répandus sur les chaumes et les jachères que la charrue va retourner incessamment; il se rapproche aussi des habitations et fait souvent son gîte dans des jardins où il trouve à la fois abri et bonne nourriture; cependant, à moins qu'il ne soit étranger, il reste fidèle à son canton, et même après plusieurs chasses successives il y revient sans se lasser.

Le lapin vit beaucoup moins en plaine que le lièvre, car il sait que les bois seuls peuvent cacher les issues de ses terriers; mais il se plaît aussi dans les terrains peu couverts, rocailleux, inégaux, garnis de ronces et de buissons, pouvant lui offrir des retraites saines et d'un abord difficile. Lorsque dans un bois on remarque un grand nombre de *passées* ou petits chemins tracés au milieu des herbes et des fourrés, on est sûr d'y trouver des lapins; les approches des terriers sont aussi indiquées par les ordures qu'ils ont soin de déposer au dehors, car, tout en étant gaspilleurs de nourriture, ils sont

assez propres pour ne pas aimer à coucher au milieu de leurs excréments. Dans la mauvaise saison,
lorsque la neige couvre la terre et les prive de toute
autre nourriture, on reconnaît encore leur présence
aux pieds des jeunes arbres, rongés à blanc, ce qui
fait dire aux gardes que les lapins *font de l'ivoire;*
c'est le signal d'une guerre à mort.

Tant qu'il fait beau, le lapin n'aime pas à rester
enfoui sous terre ; il se plaît au soleil et se pelo-
tonne dans les herbes, au pied des gros arbres, dont
les racines saillantes et croisées lui forment un double abri. Dans cette position, il attend volontiers
sans bouger les chiens ou les chasseurs jusqu'à ce
qu'ils soient pour ainsi dire sur son dos ; mais alors,
frappant la terre de ses deux pattes de derrière avec
un bruit assez fort et tout particulier, il part comme
un trait et se dérobe le plus souvent avant que le
tireur ait pu mettre en garde.

Il en est de même du lièvre, qui se laisse approcher presque autant et qui *déboule* tout à coup presque sous les pieds du chasseur ébahi, qui se décide
à l'ajuster lorsqu'il n'est déjà plus à portée.

Le lapin, à moins qu'on ne le tue au gîte ou au
bord de son terrier au moment même de sa rentrée
ou de sa sortie, se tire la plupart du temps au *jugé,*
c'est-à-dire qu'on le vise à l'endroit où on le suppose caché, parce qu'il file toujours dans quelque
coulée qu'il s'est pratiquée au milieu des broussailles et où la petitesse de sa taille le fait disparaître
aisément ; mais le lièvre, qui aime à prendre sa
course en plaine et qui est plus gros, se tire ordinairement à la vue. Il faut l'ajuster entre les deux
oreilles lorsqu'il file droit devant vous, en ayant soin
de calculer la distance qu'il va parcourir jusqu'à ce
que le plomb puisse l'atteindre, de même que, quand

il vous passe en travers, il faut viser, par la même
raison, un peu en avant et au défaut de l'épaule.

Le principe s'applique à toutes les sortes de gibier, et c'est la pratique seule qui le modifie suivant
les circonstances; chaque chasseur a son système
pour calculer la distance qu'il lui convient de garder
entre le point qu'il vise et l'endroit où il pense l'atteindre; le succès ou l'insuccès vient promptement
lui apprendre s'il a bien ou mal raisonné. Mais pour
le lièvre il y a une remarque toute particulière à
faire. On sait que, grâce à la longueur de ses jambes de derrière, il gravit les côtes avec la plus grande
facilité, et que la conformation de ses yeux ne lui
permet pas de voir juste en face, en sorte que, s'il
arrive droit sur vous en montant, vous êtes sûr de le
rouler si vous ne perdez pas la tête et si vous l'ajus-
tez à bonne portée, en le supposant cette fois plus
près de vous qu'il ne l'est réellement, c'est-à-dire en
tirant, pour ainsi parler, avant que l'animal soit
arrivé; car, dans le cas où vous tireriez trop en avant
de lui, vous avez encore la chance de le tuer par les
ricochets, ce qui arrive fréquemment, ou par votre
second coup; tandis que si vous tirez trop au delà,
le lièvre arrive sur vous avant que vous ne soyez en
mesure pour recommencer. Surtout n'attendez pas
qu'il soit trop près, car vous avez alors toute chance
de le manquer : l'apparente facilité du coup sur un
gibier si proche déroute presque toujours le tireur;
puis le plomb fait balle, à courte distance, en sorte
que si l'animal est atteint, il est broyé et à peine di-
gne d'être mis dans la gibecière; et si on dévie seulement de quelques centimètres, on n'a pas, comme
à distance, la ressource de l'atteinte par l'écartement ordinaire des projectiles, qui, comme on l'a vu
précédemment, doivent à quarante pas couvrir une

surface ayant à peu près 3 mètres de circonférence.

Quand le lièvre, au contraire, fuit devant vous en descendant, le tir est beaucoup plus facile : il s'agit de viser au delà du point où vous venez de voir le gibier ; cette nécessité le cache pour un instant à vos yeux, puisqu'il n'est plus au bout de votre fusil, et cet instant peut être fatal si l'animal en profite pour changer de direction ou si vous laissez dévier votre arme de quelques millimètres : car il faut absolument que l'animal qui court arrive juste sous votre plomb pour le moment où vous avez calculé cette rencontre.

Quand vous avez tué un lièvre ou un lapin, ne manquez pas, avant de le mettre dans le carnier, de lui presser fortement le ventre pour en faire sortir l'urine ; sans cette précaution, la chair prend un goût détestable et se corrompt très-promptement, surtout par les temps chauds.

En termes de chasse, le jeune lièvre ou levraut s'appelle à trois mois un *financier* ; à six mois un *trois-quart* ; à un an, c'est un lièvre *fait* ; après ce temps, c'est un *bouquin*. Au commencement de la saison, la chasse du lièvre est plus facile : les levrauts en grand nombre courent par les plaines comme de jeunes fous sans expérience ; aussi faut-il qu'un chasseur soit bien maladroit pour n'en pas tuer quelques-uns ; mais à la fin de l'automne ceux qui ont échappé, sont devenus plus fins et plus défiants ; ils sentent de loin le chasseur et surtout le chien, et fuient du plus loin qu'ils les aperçoivent. Les vieux bouquins se gîtent de préférence au bord des pièces, tout prêts à regagner les fourrés à la moindre alarme.

Quand on a la chance de rencontrer et de tuer un levraut au déboulé, il faut en chercher de suite dans les mêmes parages un second et même un troisième, car on peut être sûr que toute la portée n'est pas loin. De même que, quand il est âgé, le lièvre reste fidèle au cantonnement qu'il habite depuis long-temps, de même, quand il est jeune, il s'éloigne très-peu du champ qui l'a vu naître.

Nous avons dit que c'était en général le basset qu'on employait à la chasse du lièvre et du lapin ; mais il arrive souvent qu'un chien excellent en plaine perd beaucoup de ses qualités sous le bois ; le grand nombre de voies qu'il rencontre, au milieu des sentiers multipliés par les lapins autour de leurs retraites, le déroute ou l'entraîne trop loin de son maître ; il finit par chasser pour son propre compte, et s'il est gros, l'impossibilité pour lui de pénétrer dans les terriers rend son aide inutile. Aussi a-t-on souvent recours aux furets dressés exprès pour cette chasse ; car il faut absolument faire sortir les lapins de leur demeure, où ils ont couru se réfugier dès qu'ils ont senti le bois battu par les chiens.

Le furet est un animal bien plus petit que le lapin, mais il n'en est pas moins un de ses plus terribles ennemis. Originaire de la zone torride, il a les appétits sanguinaires de la plupart des animaux qui vivent sous un soleil brûlant. Il ne peut vivre dans nos bois à l'état de liberté : le froid et l'humidité le tueraient et l'empêcheraient de se reproduire ; mais on l'élève comme animal domestique en le tenant bien chaudement dans des espèces de cages ou de boîtes où il dort presque continuellement.

Long, souple et vigoureux, le furet dressé pour la chasse s'y livre avec une certaine ardeur, et si l'on n'y prenait garde, il s'acharnerait après le premier lapin qu'il rencontrerait, lui sucerait le sang, puis s'endormirait dans le terrier pendant plusieurs heu-

res. On obvie à cet inconvénient en l'habituant à
une muselière qu'on lui met au moment de le lancer
dans le terrier et après lui avoir fait faire un bon repas ; on lui attache un grelot au cou pour suivre, à
l'aide du bruit, ses mouvements à l'intérieur, et on
le laisse agir. Bientôt on entend le lapin, acculé par
le furet, reproduire ce battement des pattes de derrière dont nous avons parlé et chercher à fuir par
l'une des issues qu'il s'est ménagées ; mais on a eu
soin de les boucher toutes, sauf une au bord de laquelle on l'attend, et on profite de l'instant d'hésitation qu'il éprouve avant de sortir pour le tirer avant
le déboulé. Quand on a l'habitude de cette chasse,
on peut détruire plusieurs douzaines de lapins en
quelques heures.

Si le furet ne peut supporter la muselière, on est
bien obligé de le laisser faire à sa fantaisie, et il est
rare qu'il ne commence pas par faire une victime à
son profit; il attaque le lapin avec une audace extraordinaire, le saisit par le cou entre les oreilles et l'é-
tourdit de suite; puis il se régale de son sang et continue sa chasse. Mais souvent aussi il s'endort, et si
on ne réussit pas à le faire sortir en tirant une petite
charge de poudre dans le terrier ou en l'enfumant,
il faut boucher toutes les issues avec des pierres, du
gazon et de la terre, et revenir le lendemain. Le besoin de respirer le grand air le fait bientôt sortir de
lui-même. — Il faut, pour le conserver en santé,
l'apporter et le remporter toujours dans un sac
garni d'étoupes.

Le lièvre et le lapin se chassent très-bien à l'affût;
quand on a observé leurs passées, il ne s'agit que
d'avoir la patience nécessaire pour les attendre ; caché dans un fossé ou derrière un gros arbre et le vent
au nez, on est sûr de les voir arriver à l'heure où ils

reviennent ordinairement du gagnage, et il faut être
bien maladroit pour ne pas les atteindre de quelques
grains de plomb.

On chasse aussi souvent le lièvre et le lapin par
battues : c'est alors une grande destruction de gibier ; mais cette chasse est tellement sujette aux accidents, à cause de la précipitation et de l'imprudence des tireurs, que nous engageons à la réserver
pour les animaux tout à fait nuisibles, comme le
loup, le sanglier et même le renard.

Quoique l'on tue quelquefois à coups de fusil l'é-
cureuil, le putois, la fouine et autres animaux semblables, ils ne comptent pas comme gibier, et le
chasseur qui en rapporterait plein son carnier, sans
leur adjoindre le moindre lapin ou le plus petit per-
dreau maillé, n'en serait pas moins considéré comme
bredouille (revenant à vide).

CHAPITRE VI

CHASSE A L'AIDE DE PIÉGES.

L'affût, dont nous avons dit quelques mots dans le chapitre précédent, est bien une espèce de piége tendu à l'animal qu'on veut atteindre ; mais comme l'arme employée est toujours le fusil, et qu'il faut, pour réussir dans ce mode de chasse, payer de sa personne, déployer autant d'adresse que de patience et quelquefois une certaine audace, la chasse à l'affût est considérée comme un accessoire de la chasse à tir ordinaire, qui consiste à rechercher le gibier à découvert, soit sous bois soit en plaine, avec chiens courants ou d'arrêt, et souvent avec force fatigue.

On entend plus spécialement par *piéges* les divers engins et procédés, mécaniques ou autres, que des

individus, la plupart du temps étrangers à la noble
profession de chasseur, disposent sur le passage
du gibier gros ou petit, afin de le prendre vivant ou
mort sans avoir besoin de rester sur place pour
attendre sa venue. Même quand on tue à coups de
fusil le gibier ainsi pris afin de l'emporter sans
encombre, l'arme n'est plus qu'un moyen accessoire
qui ne donne pas le droit d'appeler fait de chasse un
meurtre accompli dans de telles conditions, quelque
légitime d'ailleurs que soit le meurtre.

Ainsi les fosses couvertes et découvertes, les cham-
bres et tours à loup, les collets, les lacets, les filets
de toute sorte, les trappes, traquenards, etc., avec
ou sans appâts, sont des piéges avec lesquels on peut
s'emparer des animaux nuisibles, comme de tout le
gibier à poil.

Consacrant à la chasse aux oiseaux la deuxième
partie de ce volume, nous parlerons en temps et lieu
des autres piéges spécialement destinés au gibier à
plumes.

Le *fusil d'affût* est un des piéges les plus efficaces,
mais aussi les plus dangereux pour les hommes
comme pour les animaux ; on ne peut et on ne doit

l'employer que dans des propriétés gardées, après
avoir pris toutes les précautions pour prévenir les
accidents. C'est seulement en hiver qu'on a recours
à cet expédient, lorsqu'il ne fait pas bon rester soi-
même à l'affût pendant des nuits longues et glacia-
les, et lorsque les animaux, ne sachant plus où

trouver leur nourriture, se laissent plus facilement séduire par les appâts qu'on leur prépare.

Vous avez remarqué depuis quelque temps la passée d'un loup sur la lisière d'un de vos bois ; dès que vous êtes bien certain du fait, vous établissez avec des branches d'arbre non dépouillées de leur écorce, à peu de distance de la passée, deux espèces de chevalets sur lesquels vous fixez solidement un fusil de fort calibre bien chargé de gros projectiles ; vous avez choisi une arme dont la détente joue facilement, et vous attachez à cette détente une ficelle de quelques mètres de longueur, garnie à son extrémité d'un appât quelconque, un lapin fraîchement tué, par exemple. On sait au reste que le loup n'est pas difficile, surtout quand la terre est couverte de neige.

L'animal, dans sa promenade nocturne, sent de loin la chair qui l'attend ; tout soupçonneux qu'il est, il s'en approche, la flaire, et finit par la tirer à lui. On comprend que si l'on a placé le fusil de telle sorte que son point de mire soit un peu au-dessus de l'appât attaché à dix pas de son embouchure, le loup en tirant cet appât fait jouer la détente et doit recevoir toute la charge en plein corps.

Il est important que le fusil soit dissimulé le plus possible par des branchages négligemment rassemblés, et que le bassinet soit mis à l'abri de l'humidité, qui empêcherait la poudre de s'enflammer. On fera aussi bien de prendre quelques-unes des précautions que nous allons expliquer tout à l'heure.

Le loup, en sa qualité d'animal le plus détesté dans nos campagnes, est peut-être celui contre lequel on a inventé le plus de piéges ; nous n'avons pas la prétention de les connaître tous, mais nous allons décrire les principaux.

La *fosse* masquée par de légers branchages recouverts de terre et de mousse, ou fermée par des
portes à bascule également cachées, est bonne à
employer, comme le fusil d'affût, dans les endroits
fréquentés seulement par les animaux qu'on veut
détruire. On la creuse d'environ 3 mètres et en
forme de cône ou de pain de sucre, c'est-à-dire
que si on lui donne au fond 4 ou 5 mètres carrés de
surface, elle n'en doit avoir que 3 ou 4 à l'ouverture,
afin que le loup, une fois tombé dedans, ne puisse
en sortir ni en gravissant les parois ni en prenant
son élan.

On l'attire vers la fosse par un appât placé dessus ; c'est un morceau de chair ou un petit animal
vivant, et on a soin de semer sur le chemin que le
loup doit parcourir d'autres appâts moins gros qu'il
commencera par avaler, après s'être assuré toutefois qu'ils ne recèlent aucun danger ; car, quelle
que soit la voracité de cet animal, il a l'odorat si
fin qu'il reconnaît la trace de l'homme jusque dans
les moindres objets que celui-ci a touchés ; il sait
qu'il n'a rien à attendre de bon de la part de cet
implacable ennemi, et à moins d'être arrivé à ce
point où ventre affamé n'a ni oreilles ni prudence,
il s'éloigne toujours dès qu'il a lieu de soupçonner
la présence d'individus de notre espèce.

Or, pour dérouter ses instincts sagaces, il faut
s'entourer de beaucoup de précautions dans la préparation des piéges qu'on lui tend. Ainsi on doit
autant que possible mettre des gants neufs, des sa-
bots neufs avec des semelles de peau non préparée ;
se frotter avec du camphre, dont l'odeur péné-
trante neutralise celle qu'exhale le corps de l'homme
et ne déplaît pas, à ce qu'il paraît, à messieurs les
loups et les renards, puisqu'ils dévorent avec plai-

sir les appâts saupoudrés de ce singulier condiment. On se procure aussi de la graine de foin, c'est-à-dire des balayures de greniers à fourrage ; cette graine, à forte odeur aromatique, répandue sur le chemin qu'on a suivi pour placer les appâts, sert encore à dissimuler le passage de l'homme. Si l'on place des piéges qui ont déjà servi, il faut au préalable les nettoyer parfaitement et les passer au feu, afin de détruire les miasmes dont ils se sont imprégnés en restant enfermés dans les habitations.

Si la fosse est habilement masquée, si les terres qu'on en a extraites ont été répandues au loin de manière à ne laisser aucun vestige d'un travail récent, le loup s'approche peu à peu (vous savez qu'on dit *à pas de loup*), et s'il se croit à l'abri de toute surprise, encouragé par les appâts préliminaires qu'il a déjà dévorés sans encombre, il saute tout à coup sur la proie principale qu'il convoite et tombe au fond du précipice, entraînant avec lui les matériaux qui lui cachaient le piége et qui sont trop fragiles pour lui servir de planche de salut.

La *chambre à loup* demande un peu plus de travail que la fosse, mais elle n'offre aucun danger, peut s'établir partout et durer plusieurs années. Il est avantageux de la construire dans les endroits infestés de loups ; ils finissent presque toujours par s'y laisser prendre.

Avec des pieux d'au moins 10 centimètres de diamètre et longs de 3^m,50, on forme, à proximité des bois ou des habitations visités par les loups, une enceinte palissadée à jour ; les pieux, enfoncés d'un demi-mètre à peu près et un peu inclinés en dedans, écartés seulement l'un de l'autre de 10 à 12 centi-

mètres, offrent une barrière infranchissable. Au
milieu de cette enceinte, qui ne doit guère avoir que
5 à 6 mètres carrés de superficie, on place un appât; puis on établit, à l'un des coins de la chambre, une porte aussi solidement faite que la palissade et munie d'un loqueteau qui la ferme tout naturellement lorsqu'elle retombe sur le chambranle.

Cette porte est maintenue ouverte par un bâton
placé par terre en travers; à ce bâton on attache
une ficelle qui correspond à l'appât. Comme, à
l'aide des précautions indiquées tout à l'heure, on
a suffisamment détourné les soupçons du loup,
celui-ci finit par entrer dans l'enceinte, et soit en
saisissant l'appât, soit en repoussant avec la patte
la ficelle qui le gêne, il remue le bâton qui retient
la porte : celle-ci se ferme, et le ravisseur est fait
prisonnier.

Le *tour à loup* est une modification de *la chambre*
qui en double le travail, mais qui offre aussi plus
de garantie de succès. Au lieu d'une seule enceinte

carrée, on en fait deux circulaires, toujours à
claire voie. Au milieu de la première, à laquelle on
donne au moins 2 mètres de diamètre, on place
une proie vivante, une volaille ou un agneau, dont les

cris répétés attirent le loup; puis on ferme la porte. On établit la seconde enceinte à un demi-mètre seulement de la première, et on la termine par une porte se refermant seule à la moindre pression, comme nous l'avons expliqué précédemment; on retient cette porte ouverte par l'obstacle le plus facile à déranger, un caillou, une petite fiche de bois à peine enfoncée en terre. Le loup, tout en parcourant l'extérieur de cette enceinte afin de trouver les moyens d'arriver à la proie qui le tente et qu'il aperçoit à travers la double palissade, trouve la porte ouverte et se décide à entrer; mais le couloir ménagé entre les deux enceintes étant trop étroit pour lui permettre de se retourner, il est obligé de faire le tour jusqu'à la porte, qui, ouverte pour le laisser entrer, lui barre maintenant le passage. Il la pousse devant lui, elle se ferme, et alors il n'a plus d'autre ressource et d'autre occupation que de renouveler sa promenade circulaire et de réfléchir sur son imprudence, sans même avoir la consolation de se régaler de la proie qu'il voit de si près, jusqu'à ce que les propriétaires du piége viennent tuer le pauvre diable à coups de fusil, pour s'en emparer sans danger.

Le *hausse-pied*, l'*hameçon*, les *traquenards* de toute sorte, sont des piéges qui réussissent quelquefois; mais leur succès est si incertain qu'ils ne valent pas toujours la peine qu'on se donne pour les préparer. Cependant un garde qui a du loisir, et dont la mission est de débarrasser des animaux malfaisants le canton confié à sa surveillance, fera bien d'essayer simultanément tous les moyens de destruction qu'il connaît, parce que, si l'animal pourchassé échappe à un piége, il finira par tomber

dans un autre. Il faut toujours que ces piéges soient
tendus sur les passages, remarqués à l'avance, des
animaux auxquels on les destine, et que les chiens
en soient tenus éloignés, car, étant moins défiants
et aussi gloutons que les loups et les renards, ils
seraient souvent les seules victimes des embûches
préparées pour ces derniers. Or, la perte d'un bon
chien serait dans bien des occasions plus regret-
table que la prise d'un renard ne serait agréable.

L'*hameçon* pour prendre les quadrupèdes, très-
peu usité en France, est un petit appareil renfermé
dans une boîte à coulisses, et composé d'un ressort
agissant sur deux tiges de fer
terminées par des crochets très-
aigus. On garnit ces crochets
d'un appât assez gros pour cacher tout l'appareil, qui n'a guère
que 7 centimètres de long sur 2
ou 3 d'épaisseur. Lorsqu'un loup,
par exemple, vient pour saisir
l'appât, il tire à lui et fait sortir
le ressort de la boîte qui le tient
comprimé. Ce ressort, en écartant 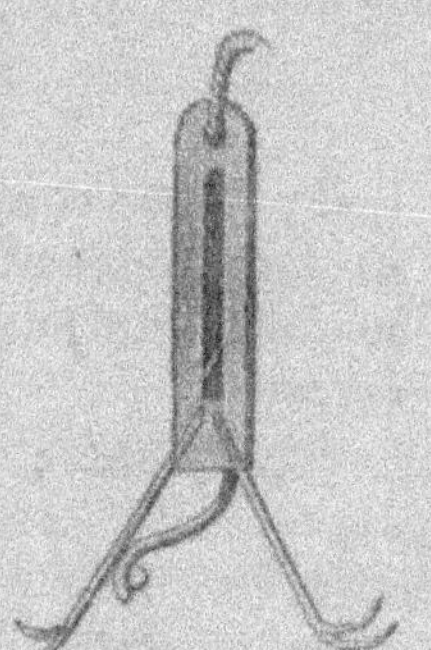
à droite et à gauche les tiges garnies de crochets,
force ceux-ci à s'implanter dans les joues de l'animal,
qui, vaincu par la douleur et paralysé dans la partie de son corps la plus nécessaire pour sa défense,
n'a aucun moyen d'échapper à la mort qui l'attend.

Il va sans dire que le ressort, tout en sortant de
la boîte, y reste attaché, et que la boîte elle-même
est solidement fixée à un arbre, afin que l'animal
prisonnier ne puisse emporter le piége avec lui.

Le *hausse-pied* est un piége peu compliqué, mais
qui demande beaucoup d'adresse. On l'établit juste

au milieu d'une *coulée* (passage au milieu des broussailles) fréquentée par les bêtes fauves ; on choisit
près de cette coulée un jeune arbre ou baliveau
ayant la vigueur et la souplesse d'un ressort énergique ; on le courbe vers le sol, sans l'y abaisser, à

l'aide d'une corde solidement attachée à son faîte ;
au bout de cette corde on forme un grand nœud
coulant que l'on tient ouvert à l'aide du système
suivant.

Vous plantez solidement en terre, en les faisant
dépasser de un mètre et en les écartant d'environ
50 cent., deux pieux terminés en haut par des crochets faisant bec de canne : ces crochets servent à
retenir une traverse soutenue dans sa position par
deux bâtons perpendiculaires ; ces deux bâtons reposent à leur tour sur une traverse exhaussée à 3
ou 4 centimètres de terre par d'autres petits bâtons
qui s'appuient sur la corde disposée en nœud coulant. Ce petit échafaudage, suffisant pour retenir le
baliveau courbé quand toutes les pièces sont bien
disposées, ne peut résister au moindre choc ; il faut
d'ailleurs le dissimuler le mieux possible par des
herbes, des feuilles, des branchages. Or, l'animal
habitué à passer par là y revient à son heure ac-

coutumée, et si rien n'excite sa défiance il met presque nécessairement l'une de ses pattes sur la traverse du bas, ou tout au moins un peu au delà ; la pression exercée soit par la patte, soit par tout le corps, fait tomber instantanément cette traverse, dont la chute entraîne tout le reste, sauf les pieux, en sorte que le baliveau, n'étant plus retenu, se redresse en tirant la corde, et le nœud coulant se resserre autour de la patte du prisonnier, qui reste suspendu sans pouvoir se détacher.

Quelques personnes engagent à établir, à défaut de baliveau convenable, une espèce de bascule : un fort contre-poids remplacerait dans ce cas la forme de redressement du jeune arbre ; mais ce moyen nous semble encore moins sûr que le précédent. En supposant l'animal pris par le nœud coulant, il est bien difficile que le contre-poids soit tellement bien calculé qu'il retienne le prisonnier suspendu comme le fait le baliveau : l'animal se trouve entraîné par terre, soit par la faiblesse, soit par l'excès de ce contre-poids ; il reprend alors en partie la liberté de ses mouvements, et peut avec sa gueule ou avec ses autres pattes couper ou faire glisser la corde qui le retient ; si c'est un loup, on sait qu'il n'hésite pas à s'amputer la patte avec les dents, s'il ne peut faire autrement, plutôt que de rester prisonnier.

Les *traquenards* sont des instruments assez lourds en fer, composés presque tous, à quelques modifications près, de deux branches qui s'écartent à l'aide d'un ressort tendu, et qui se rapprochent pour saisir l'animal par le cou lorsqu'il tire sur l'appât accroché entre les deux branches. Nous avons donné la description des appareils qu'on peut

construire soi-même ; mais comme il est bien plus
simple d'acheter les traquenards tout faits que
d'essayer à les fabriquer, nous laissons aux marchands le soin d'en expliquer le mécanisme à ceux qui
l'ignorent. Nous nous contenterons de répéter qu'il
faut, pour réussir avec ces piéges comme avec tous
les autres, des précautions infinies ; on les enterre le

plus possible, on dissimule avec art les parties qui
ressortent nécessairement ; on emploie le camphre
et la graine de foin pour neutraliser les émanations
humaines, et on visite assez souvent les piéges pour
voir s'ils sont restés intacts ou si quelque animal
s'y est pris ou les a touchés, car, en cas de déran-
gement, il faut tout recommencer et changer l'em-
placement.

Les traquenards pour prendre les loups sont né-

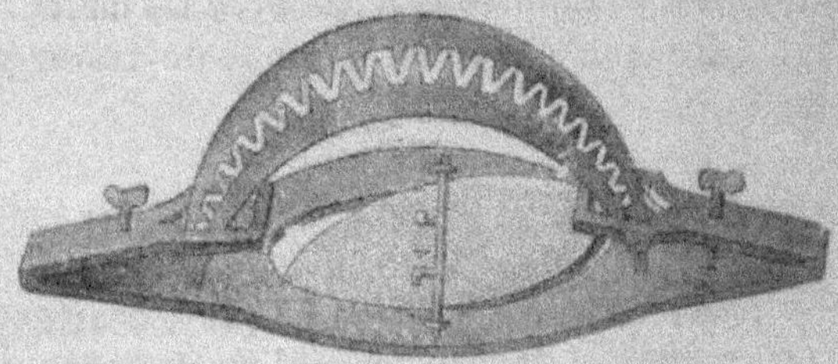

cessairement plus forts que ceux destinés aux renards ou aux blaireaux ; on les emploie rarement
pour les animaux plus petits, dont on s'empare

plutôt à l'aide de piéges moins coûteux ou d'un
apprêt plus facile, comme les collets, les bourses,

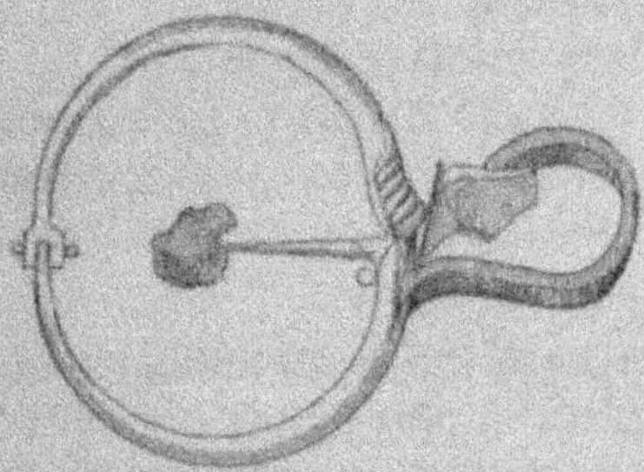

les panneaux, filets et lassières, les trappes et les
assommoirs de toute sorte.

Les *trappes* et les *assommoirs* sont des piéges trop
simples pour que nous leur consacrions des explica-
tions détaillées ; l'intelligence la plus ordinaire peut
les préparer. On sait que le
collet est formé de plusieurs
fils de fer ou de laiton assou-
plis au feu et tortillés ensemble, de manière à simuler une
corde qu'on dispose en lacet à
l'aide d'un nœud coulant. Placé
à l'entrée d'un terrier ou dans
une coulée fréquentée par le

gibier, il manque rarement son effet. C'est un moyen
prohibé en tout temps, mais à l'aide duquel les braconniers détruisent beaucoup de lièvres, de lapins,
de loutres, etc.

Nous avons déjà vu, en parlant de la chasse au
lapin, que les *bourses* étaient des filets disposés aux
issues des terriers et dans lesquels le gibier se jetait
en fuyant devant le furet ou le basset lancé à sa recherche. Les *lassières* sont également des filets, mais

à larges mailles et en cordes solides, que l'on tend devant les trous de haies, en travers des fossés et des chemins parcourus par les loups et les renards ; on traque ces animaux du côté des lassières, dans lesquelles ils finissent par se jeter aveuglément, et ils y restent embarrassés jusqu'à ce que les chasseurs viennent les tuer ou les prendre.

Il y a, pour détruire les animaux nuisibles, un moyen plus sûr et plus simple que tous les piéges : c'est de semer sur leur passage des appâts mêlés d'arsenic ou de toute autre substance vénéneuse. Il est vrai qu'on ne livre pas ces poisons au premier venu, et cela est fort heureux, car, par suite de la facilité avec laquelle certains pharmaciens s'en dessaisissent, il n'arrive encore que trop de crimes. Mais un garde ou un propriétaire d'une moralité reconnue peut toujours en avoir sur sa déclaration signée exposant l'emploi qu'il veut en faire ; alors il doit faire prévenir les habitants des communes environnantes, afin que pendant huit jours, par exemple, on évite de laisser entrer des chiens ou tous autres animaux domestiques dans les enceintes où il aura fait jeter des appâts vénéneux ; de cette manière il atteindra son but sans avoir à redouter de fâcheux accidents.

On a souvent recours à ce moyen extrême pour se débarrasser de quelques animaux que nous n'avons pas jugés dignes d'articles spéciaux, comme *le putois, la fouine, la martre, la belette, l'hermine* et autres du même genre, qui, malgré leur petite taille, font tant de dégâts dans les forêts et dans les basses-cours.

Ces animaux appartiennent tous, ainsi que le furet, dont nous avons déjà parlé, à la famille des mammifères carnassiers, et il est probable qu'on pourrait les dresser comme lui à la chasse du lapin ; mais la plupart sécrètent, par deux glandes situées près de l'anus, une liqueur particulière qui répand une odeur infecte, et de plus, habitués à vivre sous notre climat sans le secours de l'homme, ils s'échapperaient sans doute souvent pour aller vivre en liberté dans les bois, où ils font une guerre acharnée à tout le menu gibier à poil, lièvres compris, aux couvées d'oiseaux et aux reptiles.

S'ils ne détruisaient que les couleuvres, les mulots, les rats et les souris, le mal ne serait pas grand ; mais ils préfèrent les gros morceaux et les plus délicats ; ils tuent plus qu'ils ne mangent, ils aiment à sucer le sang, et quand ils pénètrent dans une rabouillère ou dans un poulailler, ils commencent par égorger tous les petits, se réservant de les emporter ensuite, l'un après l'autre, s'ils en ont le temps et la facilité.

Le *putois* est le plus gros de tous ces animaux au corps effilé que la nature a créés tout exprès pour qu'ils puissent se glisser par les moindres ouvertures. Il est à peu près de la force d'un chat ordinaire, mais bien plus allongé, bas sur pattes et muni d'ongles acérés qui lui permettent de grimper le long des arbres et des murailles. Il a le museau blanc, le pelage fauve sur les flancs, plus brun sur le dos ; sa tête est arrondie et sa queue est longue à peu près comme la moitié du corps. Il s'établit en été dans les terriers des lapins ou dans de vieux troncs d'arbres, où il élève ses petits ; en hiver il va faire sa demeure dans les coins le plus reculés des fermes.

La fourrure du putois est recherchée, surtout

celle de ceux qui vivent dans le nord de l'Europe ;
elle l'est pourtant moins que celle de la marte zibe-
line de Sibérie, dont les Russes font un si grand
commerce.

La *marte* ou *martre* est moins grosse que le putois ; sa taille, depuis le bout du museau jusqu'à
l'extrémité de la queue, est d'environ 50 centimètres ; cette queue est médiocrement longue et garnie de longs poils soyeux. La marte a la tête plus
allongée que le putois ; sa robe est d'un beau brun
lustré, avec tache jaune sous la gorge. Elle met bas
deux ou trois petits dans les cavités des vieux arbres ; elle est, du reste, assez rare en France, et se
plaît surtout dans le nord de l'ancien et du nouveau
continent.

La *fouine* n'est autre chose qu'une marte de nos
climats ; elle est, comme le putois, assez semblable
au chat, mais avec des formes plus longues et des
pattes bien plus courtes ; elle l'emporte aussi beaucoup sur ce dernier par sa souplesse et ses goûts
sanguinaires : elle s'attaque souvent aux plus grosses volailles, aux lapins déjà forts, et elle dévore
tous les œufs qu'elle peut trouver. Sa couleur est
fauve tirant sur le noir.

La *belette* est plus petite, mais aussi destructive
de volaille et de gibier ; la finesse de sa taille lui permet de s'introduire, par les plus petites ouvertures,
dans les lapinières et les poulaillers, et sa première
besogne est de tuer, par une blessure qu'elle leur
fait à la tête, tous les poussins et les petits lapins
qu'elle rencontre. — Son pelage est roux en dessus,
la gorge et le ventre sont blancs ; elle a la tête
allongée et les oreilles courtes.

On comprend que tous les moyens sont bons
pour détruire ces animaux qui se permettent de pré-

venir les chasseurs ou d'aller sur leurs brèches;
aussi leur envoie-t-on à l'occasion un coup de fusil,
ou bien on lance de bons petits bassets à leurs
trousses, et puis surtout on leur dresse des piéges
de toutes les façons en les attirant par des appâts
composés d'œufs; on en prend beaucoup au traquenard.

N'oublions pas l'*hermine*, qui est de la même
famille que les précédents, mais beaucoup plus
petite, et dont la fourrure est réservée pour les
vêtements princiers. Son pelage réunit la beauté,
la finesse et la douceur. En hiver il est tout à fait
blanc, excepté à la queue, qui reste noire en tout
temps. En été le dos devient brun et le ventre jaune
clair; la mâchoire inférieure seule reste blanche.

Ce petit animal, si précieux pour sa fourrure,
quoiqu'il n'ait pas plus de 33 à 35 centimètres de
long y compris la queue, est aussi carnassier que
les plus gros de l'espèce; il dévore les mulots, les
taupes, les rats et les souris, et détruit beaucoup de
nids d'oiseaux.

On rencontre bien quelques hermines dans la
zone tempérée, dans le centre de l'Europe; mais
c'est dans les contrées septentrionales du globe
qu'on les trouve en abondance, et c'est là surtout
que leur fourrure atteint en hiver sa plus grande
valeur.

Puisque nous faisons une digression en l'honneur
des petits quadrupèdes, terminons par deux jolis
animaux qui offrent le double avantage de ne pas
manger les autres et d'être eux-mêmes fort bons à
manger. Il s'agit de l'écureuil et du loir, tous deux
de l'ordre des rongeurs.

L'*écureuil* est un des plus gracieux animaux de

notre continent; sa mine éveillée, la prestesse
merveilleuse de ses mouvements, sa belle queue
touffue revenant en forme de panache sur son
corps pas plus gros que celui d'un rat, mais garni
de longs poils soyeux, le rendent cher à certains
amateurs qui se plaisent à l'attraper vivant afin de
l'enfermer dans des cages munies d'un cylindre
mobile, formé de fils de fer transversaux, que le
petit animal fait tourner avec une extrême vivacité,
à la grande satisfaction des enfants qui le regardent,
et sans paraître trop affligé lui-même. Grâce à ce
manége, il prend un exercice nécessaire à sa nature
de grimpeur et à ses ongles longs et crochus.

Les écureuils vivent au milieu des bois, où on les
voit souvent sauter de branche en branche comme
des singes, dont ils ont beaucoup d'allures, car ils
portent comme eux leurs aliments à leur bouche
avec leurs pattes de devant; ils établissent leurs
nids dans la bifurcation des branches les plus
grosses, et dans la mauvaise saison ils se creusent
des terriers. Ils sont d'une grande propreté, et on
les voit sans cesse lustrer leur poil. Ils se nourrissent de noix, d'amandes, de graines de toute
sorte, et en général des fruits secs plutôt que de
fruits mûrs; à défaut d'autres aliments, ils rongent
l'écorce des jeunes arbres. Les chasseurs se plaisent
souvent à les tirer pour exercer leur adresse, et
aussi pour leur chair délicate.

L'écureuil le plus connu en Europe est d'un roux
vif sur le dos et blanc sous le ventre.

Le *loir* tient un peu de l'écureuil par sa vivacité et
par sa queue touffue, mais il est moins joli, plus
farouche, et mord cruellement ceux qui veulent le
saisir sans précautions suffisantes. Il court la nuit
et dort le jour; en été il vit sur les arbres et dans

les jardins; en hiver il s'engourdit comme la mar-
motte au fond d'un terrier, où il se roule en boule
sur un lit de mousse. Il est très-facile alors de s'en
emparer et de le détruire, ce qui n'est pas inutile,

vu les dégâts qu'il fait dans les vignes, les espaliers
et les nids d'oiseaux.

Le loir se plaît surtout dans le midi de l'Europe ;
les anciens faisaient grand cas de sa chair, et les
Italiens le regardent encore comme un excellent
petit gibier. Son pelage est gris-cendré sur le dos
et blanc roussâtre sous le ventre. Le loir le plus
répandu en France est le *lérot*, plus petit que le

précédent, et bien connu par ses dégradations dans les espaliers des environs de Paris. — La *muscardine* est une autre espèce, pas plus grosse qu'une souris; elle habite la lisière des bois, se nourrit de fruits sauvages et d'insectes, et sert à son tour de pâture aux animaux plus forts, comme le putois et la fouine.

Un certain nombre de piéges plus spécialement employés à la chasse aux oiseaux peuvent également ment servir contre les quadrupèdes; mais nous en réservons l'explication pour le genre de chasse où ils sont le plus usités.

DEUXIÈME PARTIE

CHASSE AUX OISEAUX.

CHAPITRE PREMIER

LÉGISLATION.

—

Nous renvoyons au commencement de la première partie, consacrée aux quadrupèdes, pour l'ensemble de la loi de la chasse, promulguée le 3 mai 1844, et nous nous contentons d'indiquer dans ce chapitre les circulaires et arrêtés qui concernent plus spécialement la chasse aux oiseaux.

Voici, à propos de cette chasse, les passages les plus importants de l'instruction ministérielle, explicative de la loi, qui fut adressée à MM. les préfets peu de jours après la promulgation.

« L'art. 9 prohibe d'une manière formelle tous les genres de chasse, à l'exception de la chasse de jour à tir et à courre, et de la chasse au lapin à l'aide de furets et de bourses. Sans faire une nomenclature qui aurait été impossible, il embrasse dans sa prohibition générale l'emploi des panneaux et des filets, avec lesquels on détruisait des volées entières de perdreaux, l'usage meurtrier des lacets, des collets, et, en un mot, de tous les instruments de destruction permis par l'ancienne législation, qui ne profitaient qu'aux braconniers. Enfin, il interdit la plus dangereuse de toutes les chasses, la chasse de nuit, qui a été la cause de tant de meurtres et de crimes contre les personnes.

« Les dispositions prohibitives contenues dans les deux premiers paragraphes de l'art. 9 ont dû recevoir quelques exceptions, sans lesquelles elles auraient été beaucoup trop rigoureuses. Aussi le même article prescrit aux préfets de prendre des arrêtés pour déterminer : 1° l'époque de la chasse des oiseaux de passage, autres que la caille, et les modes et procédés de cette chasse; 2° le temps pendant lequel il sera permis de chasser le gibier d'eau dans les marais, sur les étangs, fleuves et rivières.

« Ainsi, les préfets pourront autoriser la chasse des oiseaux de passage avec les instruments, les procédés usités dans le pays, même avec ceux dont l'usage est prohibé pour la chasse du gibier ordinaire.

« La loi de 1790 donnait à tout propriétaire ou possesseur la faculté de chasser, en toute saison, sur ses lacs et étangs. La loi nouvelle ne lui permet cette chasse que pendant le temps qui sera déterminé par les préfets. Cette différence entre les deux législations ne vous aura pas échappé.

« Les trois derniers paragraphes de l'art. 9 donnent aux préfets la faculté de prendre des arrêtés : 1° pour prévenir la destruction des oiseaux ; 2° pour autoriser l'emploi des chiens lévriers pour la destruction des animaux malfaisants ou nuisibles ; 3° pour interdire la chasse pendant le temps de neige.

« Les mesures qui ont pour objet de prévenir la destruction des oiseaux ne seront pas nécessaires dans tous les départements ; mais il en est plusieurs où elles sont réclamées dans l'intérêt de l'agriculture, afin d'arrêter la reproduction toujours croissante des insectes nuisibles aux fruits de la terre.

« La loi, en prohibant l'usage des filets, a déjà fait beaucoup pour empêcher la destruction des oiseaux. Mais cette interdiction peut n'être pas toujours suffisante. Les préfets sont autorisés à employer d'autres moyens. Ainsi, par exemple, ils pourront, s'ils le jugent nécessaire, étendre aux œufs et couvées d'oiseaux la défense que le dernier paragraphe de l'article 9 n'a prononcée qu'à l'égard des œufs et couvées de faisans, de perdrix et de cailles. »

Le ministre continue en appelant l'attention de MM. les préfets sur les diverses exceptions prévues par la loi, et entre autres sur la faculté laissée à ces magistrats d'autoriser ou de défendre la chasse en temps de neige, qu'il déclare très-destructive ; puis il ajoute :

« Mais si le législateur a, dans les deux premiers paragraphes de l'art. 9, limité, comme je l'ai dit plus haut, les modes de chasse qu'il considérait comme licites, en temps permis et de jour, par la seule obtention d'un permis de chasse, il n'a pas voulu, cependant, apporter un obstacle absolu à la continuation de certains usages qui n'auraient pu être supprimés sans un préjudice réel pour les localités où ils sont pratiqués, et où ils peuvent être considérés presque comme l'exercice d'une industrie. Il s'agit de la chasse des oiseaux de passage, qui, à des époques où quelquefois toutes les autres chasses sont closes, arrivent en nombre tel, qu'ils forment, pour les habitants, un moyen précieux d'alimentation et de commerce.

« Vous devez donc, Monsieur le préfet, autoriser la continuation de cette espèce de chasse, et en régler les modes et les procédés ; mais vous aurez préalablement à prendre, à cet égard, l'avis du conseil général de votre département ; vous remarquerez, d'ailleurs, qu'aux termes de l'art. 9, que nous examinons, « la caille n'est plus réputée oiseau « de passage, » qu'en conséquence la chasse n'en peut plus avoir lieu que dans les mêmes conditions et sous les mêmes restrictions que pour toute autre espèce de gibier.

« Vous devrez également, après avoir pris l'avis du conseil général, « déterminer le temps pendant « lequel il sera permis de chasser le gibier d'eau, « dans les marais, sur les étangs, fleuves et « rivières. »

« Il ne vous échappera pas, d'ailleurs, que, même pour la capture des oiseaux de passage, de quelque espèce que ce soit, et du gibier d'eau, un permis de chasse est nécessaire, quel que soit le procédé qu'on emploie. C'est bien là une chasse, en effet, et la prescription générale et absolue de l'art. 1er de la loi, c'est que nul ne chasse s'il ne lui a été délivré un permis de chasse. C'est ce que vous expliquerez dans vos instructions ; et pour qu'elles ne soient pas perdues de vue sur ce point, vous ferez bien de rappeler l'obligation de l'obtention d'un permis dans les arrêtés mêmes que vous prendrez pour autoriser la chasse des oiseaux de passage et du gibier d'eau. »

Conformément aux prescriptions de la loi et aux instructions ministérielles, MM. les préfets s'empressèrent de publier des arrêtés pour régler les chasses exceptionnelles dès le mois d'octobre 1844 ; et quoiqu'ils puissent modifier chaque année leurs arrêtés, que les justiciables sont en droit d'attaquer devant les tribunaux s'ils ne les trouvent pas pris dans les limites prévues par la loi elle même, nous allons donner, comme modèle de la plupart des arrêtés préfectoraux qui ont été publiés depuis dix ans, celui qui fut pris par M. le préfet de la Seine-Inférieure dans l'automne de 1844, et qui prévoit à peu près tous les cas exceptionnels de la chasse aux oiseaux.

« ART. 1ᵉʳ. La chasse au fusil des oiseaux de passage autres que la caille, et celle du gibier d'eau, sont autorisées en tout temps sur la Seine, mais en barque seulement.

« ART. 2. La même chasse, avec ou sans barque, peut se faire en tout temps le long des grèves de la mer.

« ART. 3. Du jour de l'ouverture de la chasse jusqu'à sa clôture, la chasse seulement des oiseaux de passage autres que la caille pourra avoir lieu à l'aide de fusils, filets dits *rets au vol*, ou pantières à lacets simples, et miroirs. Est formellement interdite la chasse des perdrix et des cailles à l'aide de chanterelles, appeaux, gluaux, filets et lacets.

« ART. 4. Les possesseurs de filets dits *rets au vol*

devront, avant de s'en servir, en faire la déclaration à la mairie du lieu de leur résidence, et il sera loisible au maire, sauf le recours alors devant l'autorité supérieure, de leur en interdire l'usage lorsqu'ils seront notoirement réputés se livrer au braconnage.

« Art. 5. Sont considérés comme oiseaux de passage les bécasses et bécassines, pluviers de toute espèce, vanneaux, ramiers, grives, râles, alouettes, étourneaux, huppes et motteux, dits culs-blancs de terre.

« Les oiseaux d'eau sont les cygnes, oies, outardes, canards, sarcelles, plongeons, poules d'eau, courettes, foulques, butors, hérons, culs-blancs de rivière, chevaliers, martins-pêcheurs, courlis, et autres oiseaux habitant ou fréquentant les rivières, leurs bords et les rivages de la mer.

« Art. 6. Les animaux malfaisants ou nuisibles sont :

« Parmi les oiseaux, tous ceux désignés sous la dénomination d'oiseaux de proie.

« Art. 7. La destruction des corbeaux et corneilles est interdite.

« Art. 8. Nul ne pourra chasser, soit au bois, soit en plaine, avec des armes à feu ou avec des filets, lorsque les terres seront couvertes de neige.

« Cette interdiction, qui n'est faite que pour les portions du territoire qui se trouveraient couvertes de neige, ne s'étend pas jusqu'à prohiber le transport et la vente du gibier.

« Néanmoins cette prohibition ne s'étendra pas aux communes du littoral de ce département, pour ce qui concerne les oiseaux de passage et d'eau.

« Art. 9. Sont permis pendant toute l'année la vente et le transport du gibier d'eau et de passage autre que la caille, provenant de la chasse autorisée par l'article 1er du présent arrêté.

« Sont également permis en tout temps le transport et la vente des animaux dont la destruction est récompensée par des primes. »

M. le préfet de la Seine-Inférieure fit suivre son arrêté d'une instruction pour les maires de chaque commune de son département, dans laquelle on remarque les passages suivants :

« Le temps de nuit est déterminé par l'art. 1037 du Code de procédure et par le décret du 4 août 1806 : c'est après six heures du soir et avant six heures du matin depuis le 1er octobre jusqu'au 31 mars, après neuf heures du soir et avant quatre heures du matin depuis le 1er avril jusqu'au 30 septembre.

« L'article 1er de mon arrêté a trait à la chasse sur la Seine ; son application ne peut être étendue au delà de ces termes. D'immenses prairies bordent ce fleuve, le gibier ordinaire y est souvent fort abondant ; si, sous le prétexte de chasser des oiseaux d'eau ou de passage, on eût autorisé en temps prohibé la chasse dans ces prairies, il s'en serait suivi la destruction du gibier qui n'était ni d'eau ni de passage.

« L'article 2 est relatif à la chasse le long des grèves et des rivages de la mer et de ce qui en dépend, comme basses falaises et embouchures des rivières. Le rivage de la mer s'étend jusqu'au point où l'eau est salée.

« L'article 9 de la loi du 5 mai prohibe toute espèce de filets et engins, et donne aux préfets la faculté de déterminer les modes et procédés de la chasse des oiseaux de passage autres que la caille ; car cet oiseau ne peut en aucun temps être pris à l'aide de filets, d'appeaux ou de chanterelles. Aussi ai-je déterminé, par l'article 3 de mon arrêté, les filets qui pourraient être employés pour les oiseaux de passage. Il importait de ne pas confondre les *rets au vol* avec les traîneaux, panneaux, etc., qui sont formellement défendus; aussi la déclaration exigée par l'article 4 était-elle indispensable pour s'assurer de la nature de ces filets.

« L'article 7 défend la chasse des corbeaux et corneilles. Ces oiseaux sont utiles dans les campagnes pour la destruction des hannetons et de leurs larves. Dans quelques localités, il était fait usage de filets dits *rets à corneilles* et c'était pendant le temps de gelée et de neige qu'il était pris une grande quantité de ces oiseaux, qui étaient alors vendus dans les marchés; ces filets, cette chasse et cette vente sont formellement défendus.

« L'article 8 de mon arrêté interdit la chasse en temps de neige, à cause de la facilité de détruire le gibier; mais cette prohibition ne pourrait être générale, vu la différence des localités, de leurs usages et du gibier qui les fréquente; aussi ai-je excepté de cette interdiction les communes du littoral pour la chasse des oiseaux de passage, d'eau et de mer qui se trouvent énumérés dans l'article 5 de mon arrêté. »

Nous avons déjà soutenu l'opinion que la simple possession d'engins prohibés par la loi ne peut constituer un délit, attendu qu'il y a là une importante question de localité domiciliaire, et que le délit ou la contravention ne peut commencer qu'au moment où les engins sont transportés hors du domicile ordinaire. La Cour de Rennes a jugé dans ce sens dès le mois de février 1845, en déclarant que la possession d'engins prohibés ne donnait pas le droit au procureur du roi de requérir la gendarmerie pour en faire la perquisition à domicile, et que les procès-verbaux dressés dans ce cas par les gendarmes ne pouvaient servir de base à des poursuites correctionnelles.

Or, notre opinion et la décision de la Cour de Rennes se trouvent encore justifiées par les arrêtés récents de plusieurs préfets, qui autorisent la capture de certains oiseaux de passage par les moyens et les instruments prohibés pour la chasse ordinaire. — Il faudrait donc, si l'on se conformait à la manière de voir des procureurs généraux, détruire, aussitôt après la chasse permise de ces oiseaux de passage, les filets et autres engins qui auraient servi à les prendre, pour en refaire d'autres au moment d'une autorisation d'une chasse semblable.

Voici, pour preuve de ce que nous avançons, l'arrêté pris par le M. le préfet de la Haute-Garonne, pour autoriser la chasse aux ortolans :

« Considérant que la chasse des ortolans, qui apparaissent dans le département de la Haute-Garonne à certaines époques de l'année, est pour les populations un moyen utile d'alimentation et de commerce; que la capture de ces oiseaux peut être autorisée, *même avec les moyens et les instruments dont l'usage est prohibé* pour la chasse du gibier ordinaire.

« Arrêtons :

« ART. 1er. Indépendamment des époques fixées par l'arrêté préfectoral du 4 septembre 1845 pour la chasse des ortolans, cette chasse est permise du 15 avril courant au 15 mai prochain.

« ART. 2. La capture de ces oiseaux se fera avec des filets, trébuchets et appeaux. »

Nous sommes obligés de respecter les précautions toutes particulières prises par la loi dans l'intérêt des cailles, qui en sont sans doute peu reconnaissantes, et nous comprenons que les préfets ne puissent rien devant les termes formels de l'article 9; nous nous demandons seulement pourquoi les autres oiseaux de passage, qui viennent et s'en retournent en même temps que les cailles, et qui comme elles font leur ponte au printemps dans nos contrées, ne sont pas aussi protégés qu'elles.

En attendant qu'une loi nouvelle nous permette de profiter des grands passages de cailles qui arrivent en temps prohibé, nous ferons observer à MM. les préfets que la loi de 1844 est beaucoup moins formelle quant à la durée du temps accordé chaque jour à la chasse, et nous les invitons à se montrer à cet égard condescendants pour les chasseurs, dans leurs arrêtés destinés à fixer les jours d'ouverture et de fermeture de la chasse; car si l'on s'en rapporte à la lettre du décret d'août 1806, il est défendu, le 1ᵉʳ octobre, de paraître hors de chez soi un fusil à la main avant six heures du matin et après six heures du soir, tandis que la veille, 30 septembre, on a pu se livrer aux plaisirs de la chasse dès quatre heures du matin jusqu'à neuf heures du soir; ainsi vingt-quatre heures ont suffi pour raccourcir de cinq heures la durée de jours aussi précieux pour le chasseur que le sont les beaux jours d'octobre. Comment n'a-t-on pas fixé cette durée du jour, le matin et le soir, à une demi-heure avant le lever et une demi-heure après le coucher du soleil? Ne serait-ce pas plus rationnel, plus équitable, plus agréable pour tout le monde?

Nous ferons une observation analogue sur la chasse de nuit, que les préfets ont certainement le droit d'autoriser pour certains oiseaux de passage, quand ils jugent cette mesure utile à leurs administrés. On sait, par exemple, que les canards sauvages et la plupart des oiseaux d'eau qui s'abattent en grand nombre sur les bords de la mer et des grands étangs, quelquefois pendant une seule nuit, pour reprendre haleine ou à cause du mauvais temps, sont perdus pour les populations riveraines, si des chasseurs aussi hardis qu'adroits ne vont pas, pendant les nuits les plus noires, et à travers la tempête, faire à grands coups de canardières des abattis de gibier très-profitables pour eux et pour les communes limitrophes. Pourquoi donc laisser passer intactes à nos voisins étrangers ces magnifiques bandes de volatiles qu'il plaît à la Providence de nous envoyer à certains jours, et dont la chair succulente serait si bien accueillie pendant ces années de grande cherté pour les vivres? Il y aurait, par la même raison, lieu d'autoriser aussi l'emploi des réverbères et autres appareils à feu, grâce auxquels on approche si facilement ces oiseaux de passage, que la vue du feu attire et fascine; et c'est justement parce que ce moyen est destructeur et prohibé à bon droit pour le gibier ordinaire de nos bois et de nos plaines, qu'il est précieux à employer pour mieux profiter de ces grands passages d'oiseaux qui ne font que traverser nos contrées.

<h1 style="text-align:center">CHAPITRE II</h1>

CHASSE A TIR AUX OISEAUX DE PLAINE ET DE BOIS.

Le nombre des espèces d'oiseaux est bien plus considérable que celui des quadrupèdes; il s'agit donc de faire un choix, et de nous occuper de préférence de celles qui sont le plus répandues en France et en Europe, et qui offrent à la chasse un but utile, soit comme gibier bon à manger, soit comme animaux nuisibles qu'il faut détruire, soit comme oiseaux de volière intéressants à élever.

Les mœurs des oiseaux sont aussi plus difficiles à connaître que celles des quadrupèdes, tant à cause de la faculté qu'ils ont de s'éloigner de nos yeux en tout temps par un vol rapide, que par suite de la disparition de la plupart d'entre eux pendant une grande partie de l'année. Un très-petit nombre d'espèces restent stationnaires dans nos contrées ; presque toutes nous fuient dès le milieu de l'automne pour ne revenir qu'aux beaux jours ; plusieurs ne font que traverser nos pays au commencement de l'hiver, en allant à la recherche de climats plus chauds ; enfin quelques-unes viennent, au contraire, s'installer chez nous pendant la mauvaise saison pour dissiper la monotonie des jours froids et pluvieux, et surtout parce qu'elles trouvent notre température douce en comparaison de celle de leur pays natal.

Il y a pourtant certaines observations générales que l'expérience a permis de constater et que le chasseur doit connaître. Ainsi, de même que chez l'homme c'est le sens du toucher qui est le plus parfait, de même que chez les quadrupèdes c'est le sens de l'odorat qui est le plus développé, de même chez les oiseaux c'est le sens de la vue qui a le plus de puissance ; c'est leur principal moyen pour trouver leur nourriture, pour se diriger dans l'immensité des airs, et pour y échapper aux dangers de toutes sortes qu'ils y rencontrent.

La vue des oiseaux est tellement perçante que l'homme s'en fait difficilement une idée ; du plus haut des airs ils aperçoivent sur le sol la graine ou l'insecte que nous ne pouvons distinguer du haut de notre chétive stature ; leur facilité de locomotion est telle, et la précision de leur regard si parfaite, qu'ils descendent sur leur proie en ligne directe et la saisissent immédiatement avec le bec, sans hésiter, sans se tromper. Les organes de la voix et de l'ouïe sont également très-développés chez les volatiles ; la force de leur voix est énorme, comparée au volume de leur corps, et il semble qu'elle soit d'autant plus grande que leur corps est plus petit. La délicatesse de leur ouïe est prouvée par la facilité avec laquelle ils apprennent et suivent une mélodie, imitent la voix humaine ou les cris de divers animaux, et fuient au plus léger bruit.

Certes, en considérant les riches dons qu'il a plu à la Providence de départir à cette classe intéressante de bipèdes, qui ont encore de plus que nous un habillement magnifique, varié, à l'abri des intempéries, il semblerait que les oiseaux sont hors de la portée de l'homme et peuvent se soustraire à sa domination ; mais la nature, qui a prévu pour chaque espèce d'animaux les moyens de destruction en même temps que ceux de conservation, non-seulement a créé parmi eux des tyrans qui leur font la guerre, et souvent même au profit de l'homme, mais aussi leur a laissé dans le caractère des côtés faibles que notre intelligence nous permet d'exploiter. Ainsi, la curiosité est un défaut inné chez la plupart des oiseaux ; et sans vouloir faire une comparaison irrévérencieuse pour les dames, nous pouvons dire que l'espèce volatile réunit un grand nombre de qualités diverses attribuées au beau sexe, c'est-à-dire la sagacité et la légèreté d'idées, la grâce, la coquetterie, l'impatience du caractère, et une dangereuse curiosité, un grand charme dans la voix et une extrême facilité de parole.

Le chasseur intelligent met surtout la curiosité à profit ; dans une foule de circonstances, les oiseaux oublient toute prudence pour venir voir de près ce qui frappe de loin leurs yeux, et alors on les atteint au passage ; ou bien on imite le cri de la femelle pour attirer le mâle, celui du mâle pour attirer la femelle, et là encore ils tombent victimes de leurs sentiments trop tendres ou de leur pétulance naturelle.

Abordons la chasse à tir avec chien d'arrêt, et commençons par la *perdrix*, qui est le gibier à plumes le plus commun en France ; il a le double avantage d'être un excellent manger et de se trouver partout en tout temps, puisqu'il reste fidèle à nos climats et n'émigre pas à l'automne. Il va sans dire que nous ne donnons pas le nom de gibier aux alouettes et autres oisillons très-nombreux et très-estimables en brochettes, mais qu'on prend bien plutôt au filet ou aux autres piéges qu'avec du plomb ; c'est ce qui s'appellerait prodiguer sa poudre aux moineaux.

LA PERDRIX GRISE.

La perdrix grise, qui est la plus répandue, habite les plaines cultivées ; elle commence à s'accoupler, à *s'apparier* avant la fin de l'hiver, et si le mauvais temps détruit ses premières couvées, elle fait une nouvelle ponte, mais un peu moins considérable ; on appelle ces secondes couvées des *recoquetages*. Elle fait son nid à terre, dans les sillons, au milieu des trèfles, des luzernes et des céréales assez touffues pour l'abriter. Quand les blés sont en retard, par suite d'un hiver trop long, presque tous les nids se trouvent dans les prairies artificielles, et alors il y a grand risque d'avoir une triste chasse en automne, car la première coupe se fait avant que les perdreaux soient en état de voler, les faucheurs détruisent malgré eux des couvées entières, et souvent coupent le cou sur le nid à la pauvre mère, qui n'a pas voulu abandonner ses petits.

Les mœurs des perdrix sont fort intéressantes :

tandis que la femelle couve, avec une touchante
sollicitude, les quinze ou vingt œufs gris verdâtres
qu'elle a pondus successivement, le mâle fait le
guet aux alentours ; dès que les petits sont éclos,
ils sont en état de chercher leur nourriture ; mais
le père et la mère veillent à leur salut. Si le coq

suspecte quelque danger, il fuit en traînant l'aile
feignant d'être blessé, pour attirer loin de là, la
poursuite du chien ou du chasseur ; la femelle, de
son côté, fait un long vol dans une direction oppo-
sée, puis elle revient en courant dans les sillons,
rassemble ses petits cachés dans les touffes d'herbe,
et les emmène loin du péril.

Vers la fin de juin, les perdreaux sont assez forts
pour prendre leur volée ; un mois plus tard, leur
plumage, jusque-là blanchâtre, est devenu d'un gris
plus foncé. On dit qu'ils sont *maillés* lorsque la
couleur grise des plumes est mélangée de taches
jaunes et rousses qui donnent à l'ensemble l'apparence d'un réseau à mailles régulières. Avant d'être
maillés, les perdreaux se nomment *pouillards*, sans
doute parce qu'ils sont affligés, comme beaucoup

d'autres oiseaux, d'une petite vermine particulière qui se glisse sous le duvet. Il est de règle, en chasse, de ne jamais tuer de pouillards, attendu que c'est un manger très-médiocre, et que c'est perdre ainsi à plaisir l'espérance d'une chasse honorable et productive.

En avançant en âge, les perdreaux subissent de nouvelles transformations ; il leur vient au coin de l'œil une petite tache écarlate ; ils ont alors *poussé le rouge ;* leur poitrine se garnit aussi de plumes d'un rouge foncé comme la rouille, qui affectent, chez le mâle, l'aspect d'un fer à cheval. Quand les jeunes ont atteint la taille des anciens, il faut une certaine habitude pour distinguer au vol les perdreaux de l'année des vieilles perdrix de l'année précédente ; mais, grâce à ce fer à cheval, le mâle ou *bourdon* peut toujours être reconnu par un chasseur expérimenté. Or, autant il importe de ménager les femelles si l'on veut avoir du gibier l'année suivante, autant il est utile de faire la guerre aux mâles, toujours surabondants, et qui troublent les couvées lorsqu'un certain nombre d'entre eux n'ont pu trouver à s'apparier. On a aussi remarqué que les mâles ont le chant plus fort et plus traînant.

Nous voici à la fin de la moisson ; la chasse est ouverte ; les perdreaux sont gros et gras ; il s'agit d'en avoir notre part. Ne nous mettons pas en campagne de trop grand matin, à moins que nous ne cherchions d'abord à attraper quelques lièvres ; car les perdrix n'aiment pas la rosée ; tant que le soleil n'a pas suffisamment séché leurs retraites, elles courent inquiètes dans les chaumes et les endroits découverts, partent de loin à la moindre alerte, et vont se réfugier dans les remises les plus fourrées, s'il s'en trouve dans le voisinage. Mais vers dix heures du matin, fatiguées de leur agitation, elles se blottissent et s'endorment tranquillement entre des touffes d'herbes, au pied d'un buisson, sur le revers d'un fossé.

C'est le moment de mettre votre bon chien d'arrêt en quête; le voilà qui rencontre; attention ! Voyez comme il avance avec précaution, le nez haut, l'œil fixe, faisant autant de mouvements de tête qu'il sent de perdreaux éparpillés. Il tombe en arrêt, une compagnie entière est devant lui. Défiez-vous de votre émotion ; faites silence ; ne vous pressez pas, avancez doucement vers la droite de votre chien, car vous savez qu'on tire mieux de droite à gauche que de gauche à droite. Que votre main gauche soutienne bien le fusil à son centre de gravité, afin de le maintenir dans une égalité parfaite. Si, comme quelques chasseurs en ont la mauvaise habitude, vous soutenez l'arme trop près de la crosse, le canon tend à s'abaisser, et le coup risque de partir trop bas.

L'approche du chien a mis la compagnie en émoi ; après quelque hésitation, elle part. C'est ici qu'il faut du sang-froid : quel que soit le nombre des individus qui prennent leur volée, ne tirez pas à l'aventure au milieu du groupe, ce serait le plus sûr moyen de ne rien attraper; mais visez une seule pièce à la fois, celle que vous trouverez la mieux posée devant votre œil au bout de votre fusil ; dès qu'elle est couverte par le guidon, lâchez le coup et suivez du regard l'oiseau dans sa course; s'il fait un crochet, le plomb le saisira dans son écart, par suite du mouvement que vous aurez communiqué naturellement à votre arme en ne détournant pas vos yeux de la pièce visée. Si vous l'avez manquée, vous avez encore le temps de doubler votre coup sur elle ; si vous la voyez tomber, ce qui n'arrive quelquefois pas aussitôt qu'elle a été touchée, tirez immédiatement votre second coup sur une autre pièce la plus rapprochée, et la chance peut vous favoriser en permettant à votre plomb d'atteindre plusieurs perdreaux qui se seront croisés dans le même moment.

D'ailleurs, si vous n'avez pas été heureux, ou si vous n'avez pu abattre qu'une pièce, il ne faut pas vous décourager ; regardez où va se remiser la compagnie mise en déroute, et vous ne tarderez pas à la rejoindre ; si votre chien a le nez fin et de la docilité, il vous la fera lever cinq, six fois de suite s'il le faut, et vous pourrez revenir avec le carnier rebondi.

En hiver, la perdrix, devenue expérimentée, part de plus loin ; la chasse n'en est plus aussi facile ; on ne l'approche guère que dans les taillis, où elle se croit plus en sûreté. — Mais, en général, avec quelques précautions prises à l'avance, on peut s'assurer une chasse fructueuse. On n'a qu'à faire, la veille au soir, une promenade en plaine et à s'y arrêter à l'ombre de quelque bouquet d'arbres ; on entendra bientôt les perdrix faire retentir à l'envi leur chant passablement criard, au moment où elles se rassemblent pour passer la nuit ; on sera sûr de les retrouver le lendemain matin à la même place où elles auront chanté la veille.

Au temps des amours, les perdrix ne vivent que par couples ; les perdreaux de l'année précédente s'apparient entre eux ; mais, dès que les nouvelles couvées sont assez fortes pour prendre leur essor, les familles ne se séparent pas ; elles font chacune des compagnies distinctes, composées de douze à vingt individus, suivant le succès qu'a eu l'incubation. Aussi le chasseur intelligent qui s'attache à une compagnie et qui réussit à tuer le père et la mère, guides naturels du troupeau, est-il sûr de venir à bout successivement de tous les perdreaux ; ceux-ci, tout en s'éparpillant, ne peuvent se décider à s'éloigner beaucoup les uns des autres, et ils n'ont pas encore assez d'expérience pour déjouer par la ruse la persévérance de leur ennemi.

Il arrive que des compagnies de perdrix, quoique très-attachées, en général, au champ qui les a vues naître, s'entraînent les unes les autres ; c'est une bonne fortune pour le canton où elles se réunissent. Elles recherchent surtout les contrées garnies de taillis peu étendus et de grands champs de betteraves ; elles y trouvent des remises plus sûres ; aussi, quelque temps après l'ouverture de la chasse, rencontre-t-on plus difficilement de belles compagnies dans les plaines rases de la Beauce et de la Brie que dans les contrées plus accidentées et d'une culture plus variée.

Les perdreaux savent encore très-bien se cacher dans les vignes, où on ne peut leur faire la chasse aussitôt qu'en plaine, et les vignes sont l'écueil des meilleurs chiens ; ceux-ci ont beaucoup de peine à y suivre le gibier, à l'y faire lever, et à retrouver une pièce démontée. Chaque sillon, chaque rangée d'échalas forme pour l'oiseau poursuivi une espèce de berceau qui l'abrite et intercepte les émanations. S'il se décide à partir, l'uniformité des vignes rend l'appréciation de la distance fort incertaine, et le chasseur se croit à la remise quand il en est encore à cent pas.

Il faut veiller à ce que le chien n'aboie jamais après la perdrix ; quand celle-ci part en apercevant le chasseur, elle pointe d'abord en l'air, puis se jette de côté par un coup d'aile si rapide que les novices en sont déconcertés ; mais le vieux praticien attend tranquillement qu'elle ait repris son vol horizontal, et il la tire alors avec toute chance de succès.

Quand arrive le milieu du jour, les compagnies pourchassées dans la plaine depuis le matin ont cherché un refuge sous la lisière de quelque bois ; il faut alors avoir un bon chien, qui sache les tourner en quêtant avec persévérance dans l'intérieur des fourrés ; il finit par les faire lever toutes pour regagner leur domicile ordinaire, et le chasseur a bel de les viser au passage. Mais, une fois la soirée venue, elles ne tiennent plus du tout l'arrêt, et partent de si loin qu'ils ne faut plus espérer les atteindre.

LA PERDRIX ROUGE.

La *perdrix rouge* est plus grosse que la grise ; celle des pays de montagne est aussi plus forte que celle de plaine. Elle a un collier noir moucheté, qui s'étend sur une partie de la gorge, dont le fond est blanc ; le dessus de la tête et le dos sont d'un roux verdâtre ; les plumes des côtés sont mélangées de rouge foncé et de noir ; enfin les pieds et le bec sont d'un rouge éclatant qui justifie le nom qu'on lui a donné.

Cette perdrix se tient principalement sur les coteaux boisés et couverts de bruyères ; son vol est plus rapide, plus élevé, plus bruyant que celui des grises ; elle est aussi d'un naturel plus farouche et s'apprivoise très-difficilement. Mais, quoi qu'en disent certains chasseurs, elle n'est pas plus malaisée à tirer, car, tenant bien l'arrêt, elle se laisse approcher à bonne portée ; de plus, comme elles ne partent que l'une après l'autre quand il y en a plusieurs à la

même remise, on peut en abattre trois ou quatre
coup sur coup. Seulement il faut être habitué à leur
manière de voler, car, si elles sont vers le milieu du
coteau, elles piquent presque toujours vers le sommet en suivant une ligne verticale ; si, au contraire,
on les fait lever de ce sommet, elles se précipitent
en bas presque perpendiculairement et avec une rapidité qui déroute le chasseur le plus habile au tir
ordinaire.

La perdrix rouge qu'on a manquée s'échappe plus
facilement dans les bois, où elle a la facilité, après
avoir bien couru dans les herbes, de prendre son vol
au milieu d'arbres touffus où le chien perd sa trace
et où le chasseur ne peut l'apercevoir. Souvent elle
se blottit dans des excavations de pierres et d'arbres,
même dans les terriers de lapins ; elle file dans les
sentiers frayés par les bêtes fauves, quelquefois elle
s'y laisse prendre à des piéges qui n'étaient point
tendus pour elle.

Cette perdrix se trouve en assez grand nombre
dans le Midi, et surtout en Espagne. Dans ces contrées elle se tient souvent dans les plaines, comme

nos perdrix grises ; mais, dès qu'elle part, comme elle a le vol plus vigoureux, elle regagne les remises boisées et traverse d'un seul jet des vallées entières, puis elle va se blottir dans une touffe de bruyères, de genêts ou d'ajoncs. Si le chasseur est secondé par un bon chien, il ne tarde pas à la faire lever de nouveau et peut rattraper le temps perdu.

LA BARTAVELLE.

La *bartavelle* est une perdrix rouge beaucoup plus grosse que la précédente, avec laquelle on la confond quelquefois ; elle a les couleurs moins vives et une grande plaque blanche sous la gorge. Elle habite aussi les pays élevés ; elle est rare en France et plus répandue dans le Midi ; elle a les mêmes habitudes que la rouge et se chasse de même.

Il y a une espèce de perdrix grises beaucoup plus petites que la perdrix ordinaire, qui paraît être un oiseau de passage, car on les rencontre dans certaines contrées par bandes de cent à deux cents individus, et, dès le lendemain, on n'en retrouve pas la trace.

Les perdrix grises et rouges vivent surtout d'insectes, de chenilles et d'œufs de fourmis, de limaces et de baies sauvages ; elles font peu de tort aux blés. Le mérite de la chair de ce gibier, c'est qu'elle est succulente sans être grasse.

Avant la loi qui défend l'usage des chanterelles, on élevait beaucoup de jeunes perdrix pour s'en servir comme d'appelants, et on faisait couver les œufs qu'on trouvait par de petites poules pattues qui soignaient les petits comme leurs propres poussins ; il est très-heureux pour la conservation de ce précieux gibier que cet usage soit prohibé, car les braconniers, qui ne s'en font peut-être pas faute encore, en profitaient pour détruire, en une nuit, tous les couples d'un canton. Ils apportaient dans une cage, auprès d'un buisson, une femelle apprivoisée, dont les chants attiraient les mâles des environs ; les femelles, jalouses, les suivaient, et tous, aveuglés par la passion, tombaient soit dans les filets, soit sous les coups de fusil des braconniers. On assure que la perdrix rouge se laisse beaucoup moins prendre à la chanterelle que la grise.

LE FAISAN.

Si l'on est heureux de tuer des perdrix, on est fier d'abattre un *faisan* ; c'est le plus bel hôte de

nos bois, et, à tort ou à raison, sa chair passe pour la plus exquise. Disons donc quelques mots de la chasse et des habitudes de cet oiseau si recherché, qui a pour lui la magnificence du plumage, la noblesse de la taille et la rareté, car il ne pullule pas comme la perdrix et s'élève difficilement, soit à l'état sauvage, soit à l'état domestique.

Les faisans vivent par petites troupes et habitent de préférence, non pas les contrées montagneuses, comme le disent certains auteurs, mais les pays marécageux. Avides de graines, ils font de grands dégâts dans les champs où ils vont, soir et matin, chercher leur nourriture. Ils passent pour avoir peu d'intelligence, comme les paons; ils ont aussi, comme eux, une voix désagréable. Les femelles sont exclusivement chargées du soin de la famille; elles pondent, dans le nid de mousse qu'elles ont préparé au pied d'un arbre, une douzaine d'œufs grisâtres, qu'elles couvent pendant vingt-cinq jours; mais rarement réussissent-elles à élever la moitié de leurs faisandeaux.

Il nous paraît certain que le faisan, quoique amené d'Asie en Europe depuis si longtemps, n'est pas encore suffisamment acclimaté, et qu'on s'est même trompé sur la manière de l'élever et sur les localités qui lui conviennent le mieux. La conformation de ses doigts, unis par une membrane comme ceux des oies et des canards, prouve qu'il est oiseau d'eau; et, en effet, la tradition nous dit qu'il vient des bords du Phase, grand fleuve de l'Asie Mineure, d'où il aurait reçu son nom de *faisan*. A force de l'élever et de le faire séjourner dans des contrées trop sèches, ou situées en pente et mal abritées, il a bien fallu que le pauvre animal se fît une nouvelle nature; mais cela explique le peu de succès de la plupart des éducations et le caractère sauvage de cet oiseau, qui, détourné de sa véritable vocation, déserte si souvent le toit où on l'a nourri longtemps, et va se réfugier dans les bois pour échapper plus sûrement à l'esclavage et à la poursuite incessante du chasseur.

Du reste, on ne trouve ce beau gibier que dans un petit nombre de forêts, presque toutes appartenant au domaine de l'État, et dans quelques bois de riches particuliers qui font élever, exprès pour les peupler, de jeunes faisandeaux. Ceux qui habitent les forêts domaniales proviennent évidemment des anciennes faisanderies, où on se livrait à leur éducation avec autant de soin qu'on le faisait jadis pour les faucons royaux.

On assure que dans le Nord il y a des faisans blancs avec taches violettes sur le cou et roussâtres sur le dos, mais nous n'en avons jamais vu. Il y a certainement des faisans à fond blanchâtre qui rappellent, par les taches répandues sur leur plumage, les couleurs vertes et dorées du faisan ordinaire. Il y a des faisans bâtards, produits du coq faisan et de la poule ordinaire ; ils ne peuvent se reproduire, ils n'ont pas la beauté de leurs pères, mais ils sont plus faciles à élever et font un excellent gibier.

Le faisan ordinaire a l'aile courte et le vol pesant ; il est à peu près aussi gros que le paon et a le plumage presque aussi brillant et la prestance aussi noble ; mais il n'a pas comme lui l'aigrette et la double queue qui, en se déployant, étale tant de richesses. Il est remarquable par la couleur écarlate qui entoure ses yeux et par les deux bouquets de plumes d'un vert doré qui s'élèvent de chaque côté des oreilles dans le temps des amours. A cette époque, on voit le mâle suivi par six à sept femelles, qui forment son sérail, mais on a remarqué qu'à l'état privé il ne pouvait suffire à si nombreuse compagnie et qu'il ne lui fallait pas plus de trois sultanes. Il est inférieur sous ce rapport à notre coq ordinaire, qui ne craint pas d'en servir une douzaine.

La poule faisane est moins belle et plus petite que le mâle ; il est donc facile de la distinguer, et un véritable chasseur doit toujours l'épargner s'il ne veut pas ruiner ses plaisirs futurs ; l'erreur n'est excusable que pour les faisandeaux, chez lesquels la similitude de grosseur et de plumage ne permet pas de reconnaître au vol la différence des sexes.

Le faisan fuit longtemps devant le chien, surtout après de fortes pluies qui l'empêchent de s'enlever ; démonté, il se perd facilement. Il semble au premier abord que, vu sa grosseur, on doit l'abattre à coup sûr : eh bien, on le manque très-souvent. Quand il part, il s'élève presque toujours au milieu des bois touffus, où il est masqué par le feuillage et où le chasseur est lui-même gêné dans ses mouvements ; puis on l'atteint très-souvent dans sa longue queue sans le blesser ; le bruit qu'il fait en se levant trouble toujours un peu le tireur le plus exercé ; enfin, l'apparente facilité du coup sur un oiseau de cette taille fait qu'on ne le vise peut-être pas avec assez d'attention. Il faut pour cette chasse un fusil de gros calibre, à canon court, beaucoup moins gênant sous bois ; on emploie le plomb n° 6 et une forte charge de poudre : le plumage, épais et lisse, est dur à percer.

Le faisan se blottit, comme la bécasse et la perdrix, dans le plus épais des cépées ; il faut un chien d'un odorat parfait pour le découvrir, car les feuilles, les herbes, les inégalités de terrain interceptent sans cesse les émanations ; mais un bon chien, calme, attentif, infatigable, sait suivre le gibier dans tous ses détours ; il bat les ronces et les broussailles, traverse les sentiers et les routes, et ne tombe en arrêt qu'au moment favorable pour le chasseur. Celui-ci doit, à son tour, ne rien précipiter ; il attend que le faisan s'élève, puis file, en montrant tout son plumage aux vives couleurs ; il le tire alors tout à fait beau et le fait pirouetter sur lui-même.

La poule faisane mène le chien moins loin, mais elle se cache plus habilement dans le premier trou venu. Quant aux faisandeaux, ou ils partent l'un après l'autre, si l'un d'eux donne le signal de la fuite, et on peut en tuer deux avec ses deux coups, ou ils restent tous blottis sans oser bouger, et alors on a chance de tuer toute une compagnie en les tirant l'un après l'autre, car ils ne se séparent jamais.

Il est probable que c'est cette timidité des jeunes faisans qui a fait à cet oiseau la réputation de stupidité qu'il ne mérite qu'en partie ; les vieux sont certainement assez rusés quand ils veulent échapper aux chiens ; mais il faut avouer que leur manière de percher n'annonce pas une grande prudence. Le soir, quand ils reviennent du gagnage, on les entend crier à qui mieux mieux avant d'atteindre le sommet des grands arbres où ils vont percher ; en sorte que les braconniers, qui guettent leur passage, ont beau jeu pour venir les prendre à la nuit. En effet, s'il y a clair de lune, ceux-ci n'ont qu'à bien ajuster pour tuer successivement tous les individus qui composent la troupe ; et s'ils craignent de se trahir par le bruit du fusil, ils prennent un moyen plus simple : ils font brûler au-dessous de l'arbre où l'oiseau est perché une mèche soufrée, et celui-ci finit par tomber suffoqué par la fumée.

Un grand nombre de propriétaires désirant élever des faisans, soit pour les conserver dans leurs basses-cours, soit pour peupler leurs bois, nous allons donner quelques détails sur les moyens qu'on emploie pour cette éducation.

On établit un poulailler spacieux, bien exposé, au milieu d'un terrain clos, tapissé de gazon et garni d'arbustes bien venants et formant buisson. On y renferme au printemps un coq faisan avec quelques poules faisanes ; on les nourrit abondamment avec du grain, comme le blé, l'orge, le millet ou le sarrasin, et bientôt les poules pondent des œufs qu'on ramasse avec soin le soir et le matin. On confie douze à dix-huit de ces œufs à une bonne poule couveuse ordinaire, très-légère, qu'on renferme dans un endroit bien sain, et les faisandeaux éclosent au bout de vingt-quatre ou vingt-cinq jours. Le lendemain de leur éclosion on les transporte au grand air, sur du sable et au soleil, avec la mère couveuse, sous une cage d'environ un mètre de long sur un demi-mètre de large, qu'on soulève assez pour laisser sortir les faisandeaux, et pas assez pour que la poule puisse s'échapper. On la tient ainsi prisonnière pendant quinze jours jusqu'à ce que ses élèves puissent se passer de sa protection, qu'ils savent bien trouver à la moindre alerte, en se réfugiant sous la cage.

Pendant les premiers jours on leur donne pour nourriture des œufs de fourmis de bois, des vers de viande et de fumier ; un peu plus tard, on leur prépare une pâtée composée d'œufs durs, de mie de pain et de lait mêlés ensemble. On leur fait faire des repas fréquents et peu abondants, on ne leur donne pas à boire, et on ne les laisse pas aller à la rosée. Quand ils sont plus forts, on ajoute du grain à leur nourriture ordinaire et on leur donne à boire de l'eau toujours nouvelle et bien fraîche.

La première mue est l'époque la plus dangereuse pour les jeunes faisans ; ils sont souvent malades, et, poussés par un instinct féroce que l'on ne comprend pas chez des oiseaux à l'apparence inoffensive, ils s'acharnent après celui qui paraît le plus souffrant, ils lui tirent les chicots naissants, s'excitent à la vue du sang, qui ne tarde pas à venir, et se mettent à becqueter le pauvre animal jusqu'à ce qu'il meure, si on n'a pas soin de le retirer à temps. — Ils en agissent de même lorsqu'ils sont plus grands ; ils ne peuvent souffrir de malades parmi eux.

Le faisan doré, le faisan argenté, le faisan à collier, sont des variétés plus ou moins rares qui se ressemblent toutes par les mœurs, la grosseur, la beauté du plumage et l'excellence de la chair ; nous n'avons donc pas besoin de nous y arrêter.

LE COQ DE BRUYÈRE.

Le *coq de bruyère* ou *grand tétras* est une espèce de gros faisan noir qui, fier de son plumage brillant, fait la roue comme le dindon et le paon. Il a l'humeur encore plus sauvage que le faisan ; il se retire comme lui dans le plus touffu des bois, recherche les hauteurs, et va aussi dans les plaines, le soir et le matin, chercher sa nourriture, composée de graines, de vers et d'insectes de toutes sortes. La femelle dépose ses œufs sur la mousse, au nombre de six à huit ; elle les couve et élève ses petits avec autant de sollicitude que la perdrix, et elle ne les quitte qu'à la saison suivante.

Le grand tétras est, avec l'outarde, le plus gros gibier d'Europe ; il a plus d'un mètre d'envergure, et pèse de cinq à six kilos. On le reconnaît à ses jambes presque toutes couvertes de plumes du haut en bas, et à la plaque nue, papilleuse et d'un rouge vif qu'il a sur les deux yeux. On ne le trouve jamais

en même temps que le faisan, car il ne craint pas
le froid comme celui-ci, et il habite surtout, en
France, l'Auvergne, les Pyrénées, le Dauphiné, les
Ardennes et les Vosges, tous pays de montagnes.
En Allemagne, on le rencontre en grand nombre
dans toutes les forêts en collines, et on lui fait une
chasse très-fructueuse en l'attirant par des femelles
empaillées nommées *balvanes*, que l'on pose dans
des attitudes naturelles, et autour desquelles les
mâles viennent se battre avec fureur.

Cet oiseau est tellement passionné dans le temps
des amours, qu'il ne voit et n'entend plus rien.
Vers la fin de l'hiver, les tétras se rassemblent par
troupes, s'attaquent et se déchirent jusqu'à ce que les
plus faibles aient cédé la place : puis les vainqueurs
font entendre un cri particulier auquel les femelles
répondent. On comprend que dans tous les pays où
la chasse est permise pendant cette époque de fré-
nésie amoureuse, on en profite pour les approcher
et les tuer à coups de fusil ou leur tendre des piéges;
car, dans toute autre saison, ils sont excessivement
défiants et partent de très-loin. On est obligé alors
d'employer la hutte de feuillage, où l'on se tient à
l'affût, après avoir eu soin de remarquer les endroits
où ils sont venus percher le soir en criant.

Les jeunes tétras, moins expérimentés, tiennent
mieux à l'arrêt du chien, et on les tire assez facilement. On exploite aussi la tendresse de la mère pour
ses poussins lorsqu'ils sont déjà assez forts pour
voler : on l'attire avec un appeau qui lui fait croire
que l'un de ses petits s'est égaré ; elle accourt avec
toute sa nichée et se jette, éperdue, dans les filets
ou sous les coups de fusil du chasseur.

Le petit coq de bruyère ou *petit tétras*, à peine
aussi gros que le faisan, s'acpelle souvent, comme

le grand tétras, faisan noir ou faisan de montagne.
On le confond aussi avec la gélinotte ; mais ce qui
le distingue de tous ces oiseaux, c'est la forme de
sa queue fourchue ; les quatre pennes extérieures de
chaque côté, étant plus longues que les huit du milieu, se contournent en dehors par le bout et forment une espèce de crochet.

La femelle a la queue plus droite, et, comme dans
la grosse espèce, elle est plus petite que le mâle,
moins noire de plumage et tachetée de brun, de grisâtre et de blanc.

La chasse du petit tétras se fait de même que celle
du gros, mais plus facilement, car il est beaucoup
moins farouche ; on dresse même des femelles vi-
vantes pour attirer les mâles, et le succès des balvanes n'en est que plus certain.

LA GÉLINOTTE.

La *gélinotte*, qu'on nomme aussi petit coq de
bruyère, est bien une espèce de tétras ; mais ses habitudes sont tellement différentes qu'on doit la considérer comme une variété toute particulière qui se
rapproche autant de la perdrix que du tétras. Les
uns disent qu'elle pond au printemps comme la perdrix, les autres que le temps de ses amours est l'automne. Ce qui nous paraît probable, c'est qu'elle
fait une seconde couvée dans l'arrière-saison, lorsqu'il fait beau ; aussi ces secondes couvées viennent-
elles rarement à bien, et si on accuse les parents de
chasser leurs petits loin d'eux à cette époque de
l'année, c'est tout simplement à cause de la difficulté plus grande de vivre, car au printemps on
les rencontre comme les perdrix, en compagnies
composées de la famille entière ; malheureusement

on ne trouve plus guère cet oiseau que dans les pays
montagneux, comme la Lorraine et le Dauphiné.

La gélinotte est grosse comme la perdrix rouge,
mais elle a la plume plus sombre ; le mâle ne se distingue de la femelle que par une tache noire très-
marquée sous la gorge et par des sourcils d'un rouge
vif. Cet oiseau a le vol pesant : il fait beaucoup de
bruit en partant, comme le faisan, et comme lui se
perche le soir, en criant beaucoup, sur la cime des
sapins les plus élevés, ce qui permet de le surprendre de même pendant la nuit ou de grand matin. Au
reste, il n'annonce pas une grande intelligence : au
printemps et à l'automne, lorsque les arbres sont
très-peu garnis de feuilles, il se croit tellement en
sûreté au milieu des branches où il est perché, qu'il
se laisse tranquillement ajuster par le chasseur ;
bien plus, s'il est manqué, il se contente de rentrer
un peu plus sa tête dans ses plumes et semble attendre le second coup. On peut ainsi tuer toute une
compagnie.

Ce gibier est excellent, comme tous les tétras,
faisans et perdrix ; et il y a pour les propriétaires de
forêts quelque intérêt à en arrêter la propagation,
car toute cette famille d'oiseaux dévore en hiver les
jeunes pousses des bouleaux et des sapins, et nuit
ainsi beaucoup à leur développement. En été leur
nourriture est moins ruineuse : elle se compose des
baies de toutes sortes d'arbustes, de mûres sauvages
et de fruits pulpeux.

Dans le Midi on donne le nom de *ganga* à une espèce de gélinotte qui ne se laisse pas tirer dans les
bois et ne se pose que dans le milieu des plaines découvertes ; pour l'approcher il faut se cacher avec
soin au bord des ruisseaux et des mares, où elle
aime à venir se désaltérer.

L'OUTARDE.

L'*outarde* est le plus gros gibier ailé qu'un chasseur ambitionne de tuer, moins à cause de sa chair, qui est très-bonne, qu'à cause de sa rareté. Cet oiseau ne fait que passer dans nos climats, au printemps et à l'automne, et ne donne pas beaucoup le temps de lui faire la chasse. Il en reste bien quelques couples toute l'année en France, mais tous les chasseurs n'ont pas la bonne fortune de les rencontrer, et encore ne voit-on ces rares échantillons que dans un petit nombre de départements de l'Est, du Nord et de l'Ouest.

L'outarde se distingue des autres volatiles à forte taille, comme l'autruche, le casoar, etc., par la faculté qu'elle a de s'élever avec ses ailes, quoique très-courtes ; il est vrai qu'elle s'en sert le moins possible ; elle fuit à pattes devant les chiens pendant très-longtemps, ce qui permet de la forcer à la course avec des chiens courants, et de la pousser vers des piéges dont elle se défie peu, car elle ne passe pas pour sagace. On a remarqué qu'elle se plaît beaucoup avec les chevaux et les bestiaux en général, et on en profite pour l'approcher avec la vache artificielle. Quelques chasseurs ont également réussi à tromper sa vigilance en se dandinant de droite à gauche et de gauche à droite tout en avançant vers elle. En tout cas, il est bon de se munir d'une canardière bien chargée de gros plomb, et même de chevrotines, pour atteindre plus sûrement ces gros oiseaux à grandes distances, d'autant plus que les plumes offrent une résistance plus grande aux projectiles que le cuir de beaucoup de quadrupèdes.

Le plumage de l'outarde est jaune vif sur le dos et traversé d'une multitude de petites raies noires : tout le reste est grisâtre. Le mâle a, de chaque côté des oreilles, des plumes tellement longues qu'elles ressemblent de loin à une belle paire de moustaches ; il est sensiblement plus gros que sa femelle, et pèse jusqu'à dix kilos.

Ces oiseaux se plaisent au milieu des grandes plaines élevées ; ils déposent leurs œufs, dont le nombre va rarement jusqu'à trois, dans les trous qu'ils creusent au milieu des champs de blé ; ces œufs sont gros comme ceux de l'oie, et d'un brun olivâtre pâle, tiqueté de brun, qui rappelle la couleur du plumage.

La petite outarde ou *canepetière* ne diffère de la précédente que par sa taille, qui est à peu près celle du faisan ; le mâle n'a pas non plus les moustaches dont nous venons de parler. On ne se rend pas bien compte des motifs qui lui ont fait donner le nom de cane, puisqu'elle n'a aucun rapport avec les oiseaux aquatiques et ne fréquente pas le bord des eaux ; quant au mot *petière* ajouté au nom de cane, nous supposons qu'il est dû au singulier cri que la petite outarde pousse dans le temps des amours, et qui s'entend de fort loin : *prout, prout*.

La canepetière est moins rare en France que la grosse outarde ; elle arrive en mai et ne s'en retourne qu'en octobre ; elle pond trois à quatre œufs d'un beau vert luisant, et elle a autant de soin de ses petits que la perdrix. Plus défiante, plus vive que la grosse espèce, elle se laisse encore plus difficilement approcher. Elle court très-vite et ne vole qu'à ras de terre ; mais on a aussi recours à la rues et on exploite surtout le sentiment amoureux, si développé chez la plupart des oiseaux. Les mâles sont attirés au piége par des femelles empaillées dont on imite le cri. Comme ils ne fuient ni les chevaux, ni les voitures conduites par les charretiers, on les approche en montant à poil sur un cheval, et en ayant soin de se dissimuler sur son cou et de ne s'habiller que de vêtements de couleur peu voyante. On emploie la vache artificielle ; on se cache encore derrière une voiture chargée de paille; pendant l'hiver, en temps de neige, si la chasse est permise, on s'embusque dans des huttes très-basses et recouvertes de draps blancs; enfin, on s'arme de la canardière pour être plus certain de les atteindre de loin.

LA BÉCASSE.

Voici un gibier fort recherché, et qu'on a l'avantage de trouver dans nos pays pendant tout l'hiver, attendu qu'il arrive à la fin d'octobre et ne repart

qu'au commencement du printemps : c'est la *bécasse*, dont on compte plusieurs variétés, toutes excellentes à manger, et qu'on chasse de la même manière.

La bécasse ordinaire est grosse comme la perdrix grise ; son plumage, grivelé de noir et de jaune, lui permet de se dissimuler, dans les feuilles mortes. Ce qui la caractérise, c'est son bec noir, mince et droit, dont la longueur est égale à la moitié du reste du corps ; c'est à ce bec prodigieux qu'elle doit son nom, et c'est à l'allure peu élégante de son corps ramassé, entraîné en avant par ce long bec et porté sur des jambes trop courtes, qu'elle doit cette réputation de stupidité qui est plus apparente que réelle.

On a beaucoup discuté sur la manière dont nous arrivent les bécasses, et sur les pays où elles s'en retournent, sans pouvoir rien conclure ; tout ce qu'il nous importe de savoir, c'est qu'elles arrivent toujours dans les environs de la Toussaint, qu'elles s'abattent en grand nombre sur les côtes ouest de nos pays, et qu'on les trouve par masses dans les premiers moments de leur arrivée, sur les falaises, dans les jardins et même les cours des habitations voisines de la mer. Si l'on ne profite pas de ce temps d'arrêt, elles se dispersent dans les contrées environnantes et jusque dans les montagnes des Alpes, des Vosges et du Jura.

La bécasse craint la chaleur et la sécheresse, qui l'empêchent de trouver à la surface de la terre sa nourriture habituelle, composée de vers, de limaçons, d'insectes de toutes sortes, d'herbe tendre et même de racines pourries ; aussi recherche-t-elle les terrains humides et tourbeux, et suit-elle volontiers les troupeaux qui paissent dans les prairies, parce qu'elle glane derrière eux, quand ce ne serait que dans les fientes, qui attirent tant d'insectes. Elle choisit pour sa remise ordinaire les ombrages épais des bois en collines, non les endroits trop fourrés, où elle ne pourrait courir à son aise, mais les taillis clairs et voisins des sources ou des petites mares, où elle aime à se laver les pattes et où elle trouve toujours quelques insectes à becqueter.

On chasse la bécasse, dans les taillis, avec un chien d'arrêt à grelot, qui permet de le retrouver, et on suit le bord des clairières pendant que le chien bat les fourrés des environs. Elle ne part que sous le nez du chien ou sous les pieds du chasseur, en battant bruyamment des ailes, et il est rare qu'on ne soit pas surpris par ce brusque mouvement. Elle pointe en se jetant dans les gaulis, puis fait un crochet avant de filer horizontalement. Si on la manque à ce moment, elle tombe lourdement à la remise, et fuit longtemps à pied.

Malgré ses jambes courtes et ses longues ailes, elle se dérobe facilement, et se blottit dans les cépées en se couchant à plat ventre dans les feuilles mortes, avec lesquelles elle se confond. Il semble qu'elle connaît la répugnance que la plupart des chiens éprouvent pour l'arrêter et la rapporter, et c'est sans doute pour cela qu'elle attend jusqu'au dernier moment avant de se lever. Il faut un chien bien exercé à cette chasse pour qu'il se dispense d'aboyer après la bécasse, lorsqu'elle part en laissant derrière elle un fumet particulier qui ne plaît pas sans doute à messieurs les chiens, et pour qu'il se donne la peine de la suivre avec persévérance sans trop s'éloigner de son maître et de la rapporter quand elle a été touchée.

Le basset et le petit épagneul sont généralement bons pour cette chasse ; mais le meilleur chien à employer est certainement le *setter* ou épagneul anglais : retenu dans son impétuosité naturelle par

les obstacles continuels et les limites étroites
du bois, il revient sur lui-même avec persévérance
et ne laisse pas un buisson sans le visiter. La bécasse étant d'un tempérament très-délicat, il ne
faut employer pour elle que du plomb n° 8 ; un seul
grain l'abat. Les fusils courts ou à bascule sont également les plus convenables pour circuler dans les
taillis, où il ne faut pas être gêné pour viser, car il
est bon de ne pas hésiter avec la bécasse ; on la tire
au cul levé dès qu'on l'aperçoit, même au jugé ; il
est rare de la retrouver une fois qu'on l'a perdue
de vue, même quand elle est blessée ; aussi tâche-
t-on de la tuer raide en forçant un peu la charge,
qui rencontre toujours assez d'obstacles au milieu
des branches.

Au temps des amours, la chasse du gibier à
plume et à poil est toujours plus facile qu'à toute
autre époque de l'année. On a en France, avec les
bécasses, le grand avantage qu'elles s'accouplent
avant leur départ, avant la fin de l'hiver, et lorsque
la chasse est encore ouverte ; elles ont alors l'habitude de se réunir en grand nombre au-dessus des
arbres et d'y faire entendre un ramage peu gracieux, mais qui décèle leur présence. Or, comme
elles s'en vont au gagnage la nuit, et ne reviennent
qu'au point du jour, on peut, en les attendant au
passage, soit après le crépuscule, soit avant l'aurore, en tuer un certain nombre sans peine. On se
place dans un chemin vis-à-vis une clairière, et
bientôt on les entend crier : *pidi*, *pidi*, *crou*, *crou*,
puis on les voit passer deux à deux à quelques
mètres au-dessus de la tête : on n'a plus qu'à bien
ajuster. On appelle ce genre de chasse à l'affût
chasse à la *passe* ou à la *croulée*.

Il est probable que la bécasse a la faculté de voir

pendant la nuit, car ses yeux sont gros, grands et à fleur de tête, et par la même raison elle doit voir moins bien pendant le jour; aussi arrive-t-il qu'en quêtant silencieusement dans les bois qu'elle fréquente, on la trouve quelquefois endormie ou peu sur ses gardes; on la tire alors facilement au posé.

La bécasse fait son nid par terre, et élève ses petits comme la perdrix; nous n'entrerons donc pas dans des détails à ce sujet, non plus que sur les espèces grosses ou petites, dont les mœurs et la chasse se ressemblent. Il y a la bécasse blanche à bec et à pieds jaunes, la rousse, l'isabelle, la bécasse aux ailes blanches, celle à tête rousse, avec corps blanchâtre et ailes brunes. La plus grosse est forte comme une petite poule et se tient souvent dans les grosses haies des pays couverts; son plumage est brun. La petite, qu'on nomme aussi bécasse martinet, a le bec plus long, les pattes bleues et le plumage roussâtre.

On sait que ce gibier est préféré à tous les autres par certains gastronomes. Nous ne voulons pas disputer sur les goûts, mais nous devons faire remarquer que la matière des intestins, qui a tant de réputation pour son fumet particulier, se corrompt promptement, et que cependant la chair de la bécasse n'est tout à fait bonne qu'étant un peu faisandée. Il y a là quelques précautions à prendre. Nous recommandons aux gourmets d'enlever d'abord les intestins et de se régaler de leur contenu tout chaud ou tout frais, comme ils voudront, et de laisser faisander le reste de l'animal, ou bien de faire comme cet Anglais à qui l'on servait toujours à la fois deux bécasses, l'une fraîchement tuée, l'autre faisandée; il mangeait la chair de celle-ci et la fiente de celle-là. Si vous êtes assez riche ou assez habile chasseur, vous pouvez vous permettre cette fantaisie.

Nous parlerons plus loin des piéges qui servent à prendre la bécasse.

LE RAMIER, LE BISET ET LA TOURTERELLE.

Le *ramier*, le *biset* et la *tourterelle*, quoique différents de grosseur et de plumage, et ne se mêlant jamais ensemble, sont tous de la famille du pigeon ordinaire, que tout le monde connaît; ils font un excellent gibier quand ils sont jeunes, et on les prend en grand nombre avec des filets au moment de leur passage, ce qui n'empêche pas de les tuer à coups de fusil toutes les fois qu'on en rencontre l'occasion. Ce sont des oiseaux fort intéressants, personne ne le conteste, à cause de leurs amours si passionnées, de leurs roucoulements si tendres, de leurs manières si gracieuses; mais leur voracité est telle que si l'on n'y mettait bon ordreen arrêtant leur propagation, ils ne laisseraient rien à manger ni aux hommes ni aux autres animaux.

Le ramier, dont le nom indique l'habitude qu'il a de percher sur les branches d'arbres, est plus grand que le pigeon ordinaire; la couleur de son plumage est vineuse. Dans les Pyrénées on appelle ces oiseaux des *palombes*; ils sont gris cendré, avec un collier à couleur changeante. Cette espèce est très-craintive et facile à prendre à toutes sortes de piéges.

Le biset est de couleurbise ou plombée, il en a pris son nom; il est plus petit que le pigeon ordinaire; il cache son nid dans les rochers et les vieilles murailles; il vole avec une grande rapidité, et c'est cette

espèce de pigeon que l'on dresse pour porter et rapporter des messages. Ils y mettent tant d'ardeur
qu'ils sont obligés quelquefois de se coucher sur le
sol, le bec ouvert, pour reprendre haleine et se rafraîchir avec la rosée.

La tourterelle est aussi petite que le biset ; son
plumage cendré est très-doux à l'œil, et son caractère est d'accord avec son plumage, car c'est un
oiseau d'humeur facile, qui s'apprivoise et vit en

cage sans paraître engendrer de mélancolie, surtout quand on lui donne compagne ou compagnon.
La race des pigeons est faite pour l'amour plus
encore que toutes les autres races d'oiseaux : on a
remarqué que les mâles entre eux, à défaut de
femelles, et les femelles à défaut de mâles, cherchent à s'accoupler, plutôt que de se passer d'aimer ; mais ils ne sont pas constants comme on l'a
dit, et ils ne méritent pas d'être l'emblème de la
fidélité, mais seulement de l'amour lascif.

On ne s'étonnera pas qu'avec leur tempérament ardent les pigeons de toutes sortes soient presque toujours en amour; aussi font-ils des couvées plusieurs fois par an, tant que la saison le permet; on sait que les pigeons de colombier, toujours à l'abri et bien nourris, donnent une couple de petits tous les mois. Les pigeons sauvages sont moins heureux, et cependant ils ne négligent aucune sorte de pâture : le blé, le millet, le chanvre, la vesce, le raisin, les graines et baies de toute nature, les glands, les faînes, les fraises, l'herbe, etc., tout leur est bon; aussi sont-ils très-gras à la fin de la saison, et c'est bien le moins qu'on les tue, pour retrouver en les mangeant une partie du bien qu'ils nous ont pris. Du reste, ils font court séjour dans nos pays, ils n'y viennent que pour piller; ils arrivent au printemps, quand les bois sont déjà garnis de feuilles, font leurs couvées, et lorsque les petits sont déjà forts et les moissons rentrées, ils commencent leurs préparatifs de départ. Heureusement, lorsque les vignes ont belle apparence, la gourmandise les retient jusqu'à ce que la chasse soit ouverte, et alors on se hâte d'en abattre le plus possible, pour voir s'ils peuvent lutter de délicatesse avec les cailles, les grives et les merles, auxquels on prodigue le plomb à cette bienheureuse époque pour les chasseurs.

Les ramiers arrivent un peu plus tôt et partent un peu plus tard que les bisets, et il en reste même beaucoup pendant l'hiver, dans les pays sablonneux. Ils font leurs nids au sommet des arbres, sont très-défiants et ne se laissent pas arrêter par les chiens. Il est très-difficile de les tirer autrement qu'à l'affût; il en est de même des tourterelles et de tous les genres de pigeons sauvages, qui sont

nombreux. On peut, à l'aide des huttes de feuillage ,
les guetter au bord des ruisseaux, où ils vont souvent se désaltérer; on a remarqué qu'ils reviennent
presque toujours à l'endroit qu'ils ont une fois
adopté, et qu'ils ont pour habitude, quand ils sont
à boire ou à manger, de ne pas relever la tête jusqu'à
ce qu'ils soient rassasiés ou qu'ils aient bu et avalé
tout ce qui est à leur portée. Cette gloutonnerie
donne au chasseur le temps nécessaire pour les
ajuster et les tuer sur place.

LA CAILLE.

La *caille* est, ainsi que nous l'avons fait remarquer, l'oiseau privilégié de la loi sur la chasse votée
en 1842. Il paraît que nos législateurs, fort amateurs de ce gibier, ont trouvé qu'on ne lui laissait pas

assez le temps de s'engraisser, et malgré sa qualité
incontestée d'oiseau de passage, ils n'ont pas voulu
laisser aux préfets la faculté d'en autoriser la chasse
lorsqu'il vient, par bandes affamées, s'abattre sur
nos contrées, vers le mois d'avril et souvent encore
au mois de juin. Or, comme la caille repart dès le

mois d'août et au plus tard en septembre, il en résulte que si les moissons ont été retardées par le mauvais temps et l'ouverture de la chasse reculée par ricochet, nous n'avons pas même, en France, quelques jours pour retenir à coups de fusil un petit nombre de ces délicieux volatiles qui sont venus s'engraisser pendant l'été à nos dépens.

Cet oiseau ressemble à la perdrix par la forme du corps, par son vol lourd et bas, dû au peu de longueur de sa queue et de ses ailes, et par sa manière de se nourrir et de se nicher; mais il est beaucoup plus petit, il est voyageur par nature, ne vit pas en compagnie, a l'humeur querelleuse et le tempérament lascif. Il a le plumage moucheté et varié de noir, de roux et de blanc, sur un fond gris; il n'a ni le fer à cheval qui distingue la perdrix mâle, ni cet espace nu qu'on remarque autour des yeux de cette dernière; sa voix aussi est différente, et sa chair est considérée par beaucoup d'amateurs comme bien plus délicate, parce qu'elle prend plus de graisse; elle demande, au reste, à être mangée dès qu'elle est tuée, si on veut jouir de tout son fumet, parce que cette graisse si fine se rancit promptement.

Les cailles arrivent de nuit, au printemps, dans les contrées méridionales de l'Europe, et de là se répandent sur tout le continent; il faut croire qu'il y a plusieurs migrations, puisque dans le temps, lorsqu'on les prenait par masses aux filets et à toutes sortes de piéges, dès leur première apparition, on en retrouvait des quantités aussi considérables six semaines après. Elles s'établissent dans les blés, dans les chanvres, dans toutes les prairies naturelles ou artificielles, surtout près des embouchures de certains fleuves, sans doute parce que ce sont en général des terrains fertiles, car on ne les voit jamais boire, et cependant elles se nourrissent surtout de graines sèches et paraissent aimer beaucoup les baies de brione. Elles pondent de douze à dix-huit œufs tachetés de roux, et les cailletaux se développent très-promptement ; au bout de huit jours ils peuvent se passer de la protection de leur mère ; ils sont bien plus robustes que les perdreaux, et avant la fin de l'été ils sont parfaitement en état de partir pour l'Afrique, où l'on croit qu'ils vont chercher un nouvel été. Cette vigueur de la caille tient sans doute à l'extrême chaleur de son tempérament.

La caille se chasse comme la perdrix, mais les chiens s'y gâtent bien plus vite : comme elle piète continuellement en faisant mille détours et tient ferme à l'arrêt, le chien est obligé de nasiller sans cesse, et souvent il s'emporte au delà du gibier, qui, vu sa petite taille, lui passe impunément entre les pattes. Si la caille se décide à partir, elle rase le sol, puis fait des crochets qui déroutent le chasseur, et, quoiqu'elle ait le vol lourd, on la manque souvent en tirant trop bas. Dans ce cas il faut la suivre au plus tôt vers la remise, pour mettre le chien sur sa trace ; si c'est un bon quêteur, il sera plus prudent que la première fois et forcera bientôt le gibier à partir de nouveau, pour que le chasseur puisse prendre sa revanche.

Les cailleteaux ne partent pas en compagnie comme les perdreaux, mais si vous en avez rencontré et tué un seul, ne vous rebutez pas ; les autres doivent être éparpillés dans la même pièce de terre ; il y en a bien une douzaine, et cela vaut la peine de les chercher. Ils sont moins expérimentés que leurs parents et ruseront moins devant le chien. Quand l'oiseau part, laissez-le filer vingt-cinq pas en

le tenant toujours au bout de votre fusil sans le
perdre de vue ni le couvrir avec le guidon, puis
tirez ; si vous manquez au premier coup, il sera encore temps avec le second. — Si vous voulez ménager la femelle, ce à quoi on ne tient guère en fait
de cailles, souvenez-vous que le mâle est plus gros
et a la gorge noire.

Il en est de la caille comme de tous les oiseaux de
passage : un certain nombre de couples, qui n'ont
pas le goût des voyages, se décident à passer l'hiver
dans nos climats, et c'est pour cela qu'un chasseur
de profession a chance d'en rencontrer pendant
tout le temps où il lui est permis de tirer des coups
de fusil. Dans la mauvaise saison on la trouve plutôt près des lisières des bois, dans des fossés qui l'a-
britent, au milieu des arbres et des feuilles mortes ;
elle s'y endort même quelquefois, et on n'a qu'à se
baisser pour la prendre, mais cela n'arrive pas tous
les jours.

On est dans l'usage d'appeler *cailles vertes* celles
qu'on voit pendant les mois de printemps, sans
doute parce qu'à cette époque elles sont toujours
dans les blés et les prés, d'un vert si doux à l'œil, et
pour les distinguer de celles qu'on chasse plus tard
au milieu des chaumes et des terrains dépouillés de
leur verdure, et qu'on appelle alors *cailles grasses*,
c'est-à-dire nourries à point pour être tuées et
mangées.

LA GRIVE.

Nous allons clore ce chapitre, déjà bien long, par
un oiseau qui a une réputation au moins égale à
celle de la caille ; il s'agit de la *grive*, que les anciens
préféraient à tout autre gibier de plumes. Elle est à
la fois de passage et sédentaire ; elle compte plu-

sieurs variétés, toutes nombreuses et excellentes ;
elle nous arrive au moment où la plupart des autres
oiseaux disparaissent, et l'on s'en empare assez facilement, soit en la chassant avec chien d'arrêt, soit
en employant tous les piéges connus pour prendre
les oiseaux.

La grive commune, qui est la meilleure, est moins
grosse que la caille, mais sa queue plus longue lui
donne une taille plus gracieuse ; son plumage gris
moucheté, ou autrement dit *grivelé*, est connu. Elle
arrive en France au commencement de l'automne,
tout exprès pour faire la vendange, qui est son occupation favorite, et s'en retourne dans le Nord
presque aussitôt après. Il est vrai qu'il en reste
beaucoup, que la graisse et la paresse empêchent de
partir, et qui s'établissent dans les bois, où elles
pondent au printemps une demi-douzaine d'œufs
d'un bleu pâle, glacé de vert et tacheté de rouge et
de noir. Elles font leurs nids avec beaucoup de soin,
perchent sur les grands arbres, où elles se réunissent par troupes, avec des cris peu agréables, malgré
leur instinct musical très-prononcé, et se nourris-

sent d'insectes, de vers et des baies de tous les
arbres et arbustes des bois : frêne, houx, if, cor-
nouiller, micocoulier, genévrier, alisier, sorbier,
merisier, lierre, nerprun, senelle, prunellier, etc. —
On a remarqué que cet oiseau ne mange pas de
grains ; c'est sans doute parce qu'il arrive quand la
moisson est faite.

La grive a un instinct particulier pour se dissimuler au milieu des ceps de vigne, où il n'est pas
facile de l'atteindre. Le chien, entravé à chaque
instant par les échalas, les ceps, les branches en-
chevêtrées, a besoin de beaucoup de persévérance
et de sagacité pour la débusquer ; quant elle part,
elle se réfugie au milieu des arbres à fruit qui sont
presque toujours disséminés au milieu des vignes.
Heureusement que son vol n'est pas rapide, et qu'elle
est souvent enivrée de raisin et alourdie par la
graisse : on peut donc l'atteindre au vol ; mais si elle
a eu le temps de se percher et qu'on puisse la distinguer au milieu des branches, on la tire à son aise
au posé ; si elle part en montant, il est encore plus
facile de l'abattre. Elle a l'œil perçant, le vol iné-
gal et tortueux, mais elle est peu rusée, et comme
elle abonde dans la campagne au moment où l'on
termine les vendanges, c'est une chasse aussi
agréable que fructueuse. On emploie pour la grive
un fusil de petit calibre et une charge très-faible
de poudre.

Dans le Midi on chasse surtout la grive, ainsi
que l'ortolan, le becfigue et tous les oiseaux bons
à manger à l'*arbret* ou au *poste*. On sait que dans
la Provence les terres sont généralement partagées
en petits domaines dépendant d'une bastide ou
maison de campagne. Les propriétaires font presque tous une plantation d'arbres verts sur la partie

la plus élevée de leur terrain, où la vigne et le blé
sont ordinairement cultivés par sillons alternés ;
au milieu de ces arbres verts ils ménagent un espace découvert pour y placer soit un arbre mort,
soit un arbre à feuillage rare et clair, comme l'a-
mandier. A quelque distance ils établissent, à moitié enfoncée en terre, une hutte qu'ils percent de
plusieurs meurtrières dans la partie supérieure et
qu'ils dissimulent avec des branchages. Pour attirer plus sûrement les grives voyageuses, ils placent
dans des cages, au milieu des arbres, quelques
grives qu'ils se sont procurées à l'avance, et dont
le ramage produit l'effet accoutumé. Les oiseaux
étrangers arrivent en foule, se posent sur l'arbre
isolé, qui leur offre le plus de facilité, et les tireurs
embusqués dans la hutte n'ont qu'à tirer à menu
plomb au milieu de la troupe. C'est une chasse peu
fatigante et qui donne une abondante récolte. Elle
n'est pas glorieuse, mais garnit la cuisine pour plusieurs jours : chaque chose a son mérite.

La grive commune est celle qui arrive la première
en automne ; puis viennent le mauvis, ensuite la
litorne, et enfin la draine ou grosse grive de gui,
qui est la plus grosse de toutes, mais aussi la moins
nombreuse. Les autres s'abattent quelquefois par
nuées innombrables, et leurs passages sont inégaux.

LE MAUVIS.

Le *mauvis*, qui n'est pas la mauviette qu'on mange
à Paris, est la plus petite des grives, mais elle n'en
est pas moins bonne ; on la reconnaît à ses plumes
lustrées, à son bec plus noir et à la couleur orangée
du dessous de l'aile. Elle est l'ennemie-née du renard, et quand elle en aperçoit un, elle le poursuit

de ces cris pendant fort longtemps. Elle quitte nos
climats vers la fin de décembre et elle revient dans
les contrées de l'Est au commencement du printemps, pour s'en retourner encore un mois après.
On la prend très-facilement au lacet, qu'on place

autour des genévriers, des oliviers, et dans le voisinage des sources.

La *litorne* est plus grosse que la grive ordinaire ;
elle n'arrive qu'au commencement de décembre :
ce n'est donc pas le raisin qui l'attire, mais elle est
très-gourmande des baies de l'alizier et du genè-
vrier ; on la voit quelquefois s'abattre par milliers
sur ces arbres, dont elle dévore les fruits avec une
avidité surprenante. Cette espèce ne niche pas en
France ; elle s'en retourne vers le Nord dès la fin de
l'hiver. On la prend au lacet comme la précédente.

La *draine*, connue aussi sous le nom de *jocasse*,
tourdelle, grosse grive de gui, est de la taille d'une
pie : elle est plus farouche et plus rusée que les
autres ; on la prend difficilement au lacet ou à la pipée. C'est l'espèce qui reste le plus volontiers en

France pendant toute l'année; elle s'établit sur les arbres couverts de gui et n'y souffre pas d'autres oiseaux : elle les chasse à grands coups de bec et vit solitaire. Elle se nourrit, comme les précédentes, de vers, d'insectes, de chenilles, et sous ce rapport elle est utile ; en été elle fait quelques ravages dans les vergers, et aime surtout les fruits rouges. — On pense qu'elle doit son nom de *draine* au cri *tré, tré, tré*, qu'elle pousse à la moindre alarme.

Le *merle noir*, si connu en France pour la couleur brillante et foncée de son plumage et pour son chant très-agréable, n'est autre qu'une grive sédentaire ; il en a la forme, la grosseur (de la grive commune), les habitudes et la manière de vivre ; il a, comme elle, les bords du bec supérieur échancrés d'une façon particulière ; seulement ce bec est chez lui jaune d'or. On lui fait rarement l'honneur d'un coup de fusil, parce qu'il est très-défiant, très-sauvage, et que, quand on réussit à le faire partir sous la quête du chien, il rase les buissons si habilement qu'on ne peut le distinguer à travers les branches. On prétend que sa chair est inférieure à celle de la grive ; nous ne sommes pas de cet avis ; nous en avons mangé et l'avons trouvé délicat ; mais encore faut-il qu'on le mange quand il est gras, comme on le fait pour toutes les sortes de gibier.

On recherche surtout cet oiseau pour la flexibilité de son gosier ; malgré son humeur sauvage, il s'habitue assez bien en cage, et on lui apprend facilement à chanter, à siffler des airs, à imiter toutes sortes de cris, et même à parler. Est-ce que ce serait, avec la bonne nourriture, le plaisir qu'il trouve à montrer ainsi ses petits talents qui le façonnerait à l'esclavage ?

Nous parlerons plus loin des piéges qu'on emploie pour le prendre vivant; nous dirons seulement ici qu'on trouve le merle dans toute l'Europe et en toute saison, qu'il se tient dans les bois épais, au milieu des arbres verts, près des fontaines d'eau chaude, où il aime à se baigner; qu'il établit son nid avec beaucoup de soin à peu de distance du sol, dans les buissons, et fait jusqu'à trois couvées par an, de quatre à cinq œufs chacune. Il se plaît dans la solitude, a toujours la queue en mouvement, paraît toujours inquiet, et ne s'en laisse pas moins prendre à toutes sortes de piéges, si on a eu l'art de les bien dissimuler.

Il n'y a pas que des merles noirs; on en a même, malgré le proverbe, trouvé quelquefois de blancs, soit de vieillesse, soit venant de l'extrême nord, où l'on sait que la couleur blanche domine chez les oiseaux comme chez les quadrupèdes. Ce qu'il y a de certain, c'est que même en France on voit le merle tacheté, le merle à plastron blanc, qui sont des espèces voyageuses venant, comme la grive, en grandes troupes, au moment des vendanges. Le grand merle de montagne, tacheté de blanc, qui s'abat, à la fin de l'automne, sur les montagnes des Vosges, est plus gros que la draine.

Le *merle de roche*, au chant si doux, assez semblable à celui de la fauvette, a une variété qu'on nomme le *merle bleu*, avec couleur oranger en dessous; on le trouve dans les montagnes du Midi. Le plus recherché pour sa belle voix sympathique est le *merle solitaire*, qui vient, au moment des amours, faire son nid dans le haut des cheminées et des clochers. On connaît dans les campagnes son chant triste et mélodieux, et on se garderait bien de le troubler dans l'habitation qu'il s'est choisie.

Terminons en rappelant, pour le tir des oiseaux, quelques principes généraux qu'on oublie trop souvent au moment de l'action.

Quand la pièce s'élève en venant droit sur le chasseur, il la vise, la couvre, et jette le coup un peu en avant. Si, au contraire, elle s'éloigne en ligne directe, il l'ajuste en plein corps. Si elle passe en travers, il jette son coup plus ou moins en avant, suivant l'éloignement, la rapidité du vol de la pièce tirée et la force du vent. Si elle plonge, il ajuste dessous ou derrière. Si elle pique droit vers le ciel, il ne peut que faire comme elle et lancer son coup perpendiculairement, et s'il réussit, il passe pour un habile chasseur ; il pourra se vanter d'avoir fait le *coup du roi*, ou mieux le *coup droit*, qui est la véritable expression. Il est de fait que tous les conseils du monde ne dispensent pas le chasseur d'apprécier lui-même toutes les chances ; son succès dépend de son expérience et de la justesse de ses observations.

On doit toujours se donner la peine de rechercher le gibier qu'on a démonté. En forçant le chien à le trouver, on l'habitue à la persévérance et on le force à reconnaître qu'on a été adroit ; il en est des chiens comme des enfants, ils ne respectent que les maîtres dont ils peuvent apprécier le savoir et le mérite. On sait toujours bien à peu près où a dû tomber la pièce touchée ; dans ce cas, on parcourt autour de la place supposée un grand cercle qu'on rétrécit successivement, jusqu'à ce que le flair du chien retrouve la trace du fugitif. Il arrive encore assez souvent que le gibier, quoique mortellement atteint, poursuit son vol une centaine de pas, soit horizontalement, soit perpendiculairement. Si l'on est sûr de l'avoir touché, il ne faut

pas le quitter de l'œil, mais se créer instantanément dans la mémoire des jalons intermédiaires,
des points de repère, et on finira par le retrouver.

Il y a une illusion d'optique que tout chasseur
doit étudier pour y parer suivant la nature de sa
vue : ainsi on a remarqué que pendant le jour on
tend toujours à tirer trop bas, et à la nuit l'effet
est tout contraire.

A la chasse en général, et surtout à la chasse
sous bois, où les accidents arrivent plus facilement,
il faut toujours tirer un peu haut et devant soi, jamais
au jugé, à très-peu d'exceptions près. Si l'on est
plusieurs chasseurs et que la pièce visée se trouve
plus à portée du voisin, il faut lui laisser l'honneur
du coup et ne tirer ensuite que s'il a évidemment
manqué son coup. Il y a dans ce procédé à la fois
politesse et prudence, et trop souvent, à la chasse,
la passion qu'on y apporte fait oublier les lois de
la sagesse et de la bienséance, même entre amis
ou parents.

CHAPITRE III

La chasse au marais, sur les cours d'eau, ou sur
les bancs qui bordent le rivage de la mer, exige,
sinon plus d'adresse, au moins plus de prudence,
d'énergie et de passion que celle qui se fait à pied
sec. On y rencontre plus de dangers et de fatigues,
on la fait de nuit autant que de jour, en hiver plus
qu'en été, avec des armes et des munitions plus
lourdes, et généralement loin de toute habitation.

Une première précaution à prendre est de se
munir d'un équipement chaud et cependant aussi
peu gênant que possible. De grandes bottes de
caoutchouc ou de cuir imperméable, bouclées au-
dessus du genou, sont une nécessité pour ce genre
de chasse, où l'on n'échappe guère, malgré cela,
aux douleurs rhumatismales causées par l'humidité et aux plongeons inattendus qui vous mettent

quelquefois au lit pour quinze jours. Mais où serait le plaisir, s'il n'était accompagné d'un peu de peine? Où serait le mérite, s'il n'y avait à lutter avec aucune difficulté? Il y a longtemps, qu'en France surtout, on répète avec enthousiasme ce vers :

A vaincre sans péril on triomphe sans gloire.

Revenons à nos bottes, et disons qu'on en fait partout de bonnes, mais que les plus légères, les mieux conditionnées, et conséquemment les plus chères, se trouvent toujours à Paris. Il ne s'agit pas seulement de les acheter bien hautes et bien molles, il faut les entretenir en bon état, et pour cela on recommande un grand nombre de recettes. Nous employons, nous, une composition faite par parties égales de suif, de cire jaune et de résine, et elle atteint parfaitement notre but, qui est de maintenir le cuir très-souple et de le faire durer longtemps. Lorsqu'on revient d'expédition, on commence par faire nettoyer et sécher ses bottes à une chaleur douce, puis on les enduit avec soin de la préparation faite à l'avance, qu'on étend surtout à la place des coutures et jusque sur la semelle. Il y en a qui mêlent du saindoux au suif, de l'huile d'olive et de la térébenthine à la cire jaune ; cela peut être également bon, et c'est au chasseur à juger par sa propre expérience la préparation qui lui donne le meilleur résultat.

Quand vous vous mettez en campagne dans les marais et les prairies inondées, défiez-vous des eaux rouges et noires ; celles-ci vous annoncent un fond tourbeux où vous risquez d'enfoncer jusqu'aux épaules ; celles-là vous indiquent des sources souterraines toujours profondes. Là où les herbes sont d'un vert tendre, où les roseaux, les nénufars poussent avec vigueur, n'entrez pas : l'écueil est caché sous ces plantes si attrayantes de fraîcheur ; mais si les herbes sont jaunissantes, si le fond des clairs d'eau paraît blanc, mêlé de craie, posez le pied hardiment, vous trouverez une résistance suffisante.

Les bancs sont une autre affaire. La marée haute les envahit continuellement, et il ne faut pas s'y laisser surprendre par elle. Ils sont quelquefois déplacés par les courants, transformés en îlots ou en marécages, et il fait bon d'avoir avec soi un nageret ou une nacelle quelconque pour se tirer d'embarras. Les bancs ont pourtant l'avantage d'offrir, à la marée basse, un terrain plus solide que les marais ordinaires, et ils ont surtout cet inappréciable mérite, que la chasse y est permise en tout temps, qu'on y est à l'abri des tracasseries de la loi et des procès-verbaux des gendarmes, et qu'à certaines époques de l'année on y trouve réunis en phalanges compactes des milliers d'oiseaux qui se croient en sûreté sur ces plages ordinairement désertes.

La chasse au marais se fait avec des chiens d'arrêt comme la chasse en plaine. On y emploie surtout l'épagneul, qui va si bien à l'eau ; mais on se passe souvent de chien, grâce aux nombreux stratagèmes inventés pour attirer les victimes qu'on veut abattre ou pour les mieux approcher ; cependant un chien silencieux et bon quêteur est toujours très-utile, quand ce ne serait que pour courir après les morts et les blessés.

La plupart des oiseaux d'eau étant de passage, et venant du Nord, où la Providence leur permet de braver le froid, grâce à leur plumage épais et à la force de leur constitution, il faut, pour les tuer, des armes plus fortes et à plus longue portée que les fusils ordinaires ; aussi emploie-t-on presque toujours la *canardière*, dont le nom indique l'usage principal. Il y en a de plusieurs tailles et de plusieurs grosseurs, suivant le gibier qu'on veut chasser ; mais pour les oiseaux forts, comme le canard, l'oie sauvage et tous ceux du même genre, on n'hésite pas à prendre la grande canardière à deux coups, longue de deux à trois mètres et pesant jusqu'à neuf kilos, qu'on charge avec du plomb n° 5, ou de la grenaille de fonte, qu'on croit plus capable de vaincre la résistance apportée par les plumes.

Les oiseaux d'eau sont très-nombreux ; mais nous nous bornerons à parler de ceux qu'on rencontre le plus souvent dans nos climats, et d'ailleurs la chasse des uns ne diffère jamais beaucoup de la chasse des autres.

Nous commencerons par le *râle*, parce qu'il se rapproche davantage, par ses habitudes, des oiseaux de bois et de plaine que nous avons décrits dans le chapitre précédent. Ainsi le *râle de genêts* ou *râle rouge*, nommé aussi *roi des cailles*, soit parce qu'il est plus gros que celles-ci, soit parce qu'il arrive avec elles dans nos contrées, recherche bien aussi les oseraies et les terrains marécageux, où il trouve sa nourriture de prédilection, les insectes, les sauterelles, les scarabées ; mais on le rencontre aussi dans les champs d'avoine et de sarrasin, dans les taillis et les friches garnies de genêts, et jusque dans les vignes.

Ce bel oiseau est quelquefois appelé *râle doré*, à cause de son plumage d'un brun roux à reflets brillants. Moins gros que la perdrix, il paraît plus grand, parce qu'il est monté sur de grandes pattes

qui lui permettent de lutter de vitesse avec le chien.
S'il est suivi de trop près, il se jette au milieu des
buissons, où il se dissimule aisément. En général
il est difficile à rejoindre ; mais si on réussit à le
faire lever, il est rare qu'on ne le démonte pas,
tant il a le vol lourd et les pattes pendantes ; celles-
ci attrapent presque toujours quelques grains de
plomb. — On emploie pour chasser le râle, au lieu
d'un chien d'arrêt portant le nez haut, et obstiné
dans son arrêt, un choupile habitué à quêter et à
bourrer sans cesse ; car cet oiseau ruse comme un
lièvre, et il faut au chien beaucoup de patience et
d'adresse pour le faire partir. On le tire dès qu'après
sa pointe il commence à filer.

Le râle vit, comme la caille, par couples, et non
par compagnies, comme la perdrix ; il arrive en mai
pour faire sa ponte ; il établit son nid dans les prés,
y dépose une dizaine d'œufs, et au commencement
de l'automne les petits sont en état de partir avec
leurs parents.

Il y a un petit râle nommé *marouette* qui fait,
quand il est gras, les délices des gourmands ; on le
connaît aussi sous le nom de *grisette* ou *râle perlé*,
à cause de son plumage moucheté de blanc. Cet
oiseau est plus petit que la caille ; il habite les marais et les queues d'étangs, il y fait son nid en l'attachant aux roseaux avec des brins d'herbe qui lui
permettent de flotter toujours sur l'eau, quelle
qu'en soit la hauteur. Infatigable à la marche et
très-rusé, il donne encore plus de mal au chien et
au chasseur que le râle de genêts, car il sait plonger
dans l'eau, se cacher dans les roseaux ou se percher
dans le plus épais des buissons, suivant l'inspiration
du moment ou les facilités qu'il rencontre.

Le *râle d'eau* est plus petit et moins beau que le

râle de genêts ; il vit et ruse absolument comme le
précédent, dont il n'est pour ainsi dire qu'une variété plus grosse. — Le *râle noir* n'a rien non plus
qui le distingue, si ce n'est la couleur de son plumage et le peu de cas que l'on fait de sa chair. —
Enfin le *râle bilon* ou *baillon* est une espèce encore
plus petite que la marouette, et qu'on dit plus facile

à faire partir ; on ne le rencontre guère qu'en Picardie.

La *poule d'eau* n'est autre qu'un râle à queue
retroussée comme celle de la poule ordinaire, semblable, pour le plumage, la grosseur et les habitudes, au râle noir, et guère plus estimé que lui
comme gibier. — Il y en a une espèce très-grosse,
mais rare, qui ne se plaît que dans les grands
étangs, où elle nage, quand elle est poursuivie, en
s'aidant de ses ailes, n'ayant pas les pieds palmés ;
elle se nourrit quelquefois de petits poissons. —
Tous ces oiseaux se chassent de la même manière,

et il en reste des familles en France pendant toute
l'année.

La *bécassine* n'a de la bécasse que les pieds et le
bec ; elle en diffère pour tout le reste, et jamais on
ne les rencontre toutes deux dans les mêmes parages. Cet oiseau arrive au printemps et s'abat surtout près des marais nombreux de l'ouest et du nord
de la France ; il paraît craindre également les
grands froids et les grandes chaleurs, en sorte que,
gagnant toujours le Nord pendant l'été et revenant
vers le Midi à l'approche de l'hiver, il fait un double passage avantageux pour le chasseur. Il se plaît
dans les terrains tourbeux où paissent les bestiaux,
et pâture jusque dans les fientes des vaches : il fait
son nid à terre, mais dans des espèces d'îlots formés par les mares qui couvrent les prairies, ou bien
sous quelque grosse racine d'orme ou de saule.

On compte plusieurs espèces de bécassines, la
petite, la moyenne et la grosse, aussi nommée
double bécassine ou *grosse sourde*. La plus commune
est la moyenne, qui est un peu moins grosse que
la caille, mais qui est aussi haut montée sur pattes
que le râle. Elle est très-difficile à tirer, parce
qu'elle part toujours de loin et fait une multitude
de crochets ; elle jette des cris en prenant son vol
comme pour prévenir le chasseur ou pour le narguer. Mais celui-ci peut prendre sa revanche ; il n'a
qu'à guetter les bécassines le soir quand elles se réunissent pour passer la nuit dans les environs des
marais où elles vont se cacher : le lendemain, s'il
est matinal, il assistera à leur lever, c'est-à-dire
qu'elles partiront toutes à la fois devant lui. Qu'il
ne soit pas trop ambitieux, et ne tire pas sur la
masse au risque de ne rien attraper ; mais qu'il en
vise bien une en saisissant le moment favorable où

elle file, avant ou après ses crochets, et s'il la manque, il a encore son second coup ; s'il l'atteint, il a chance d'en avoir deux.

Deux bécassines ne partent jamais de la même manière : l'une rase le sol et l'autre s'élève ; comme elles n'attendent jamais la poursuite du chien et s'envolent dès qu'elles aperçoivent les oreilles ou

le nez du chasseur, il faut les tirer au plus près, au cul levé, afin d'avoir toujours son second coup pour ressource. Cet oiseau n'étant pas dur à tuer, mais difficile à atteindre, on se sert pour le chasser d'un fusil de petit calibre, de 20 à 24, et du plomb n° 9, avec petite charge de poudre.

Un bon choupile est encore ce qu'il y a de mieux pour cette chasse, quand il n'y a pas trop d'eau à traverser; sinon, il faut employer l'épagneul, le braque ou le griffon, qui n'hésitent pas à aller chercher le gibier tué ou blessé jusque dans les fondrières; mais ils ont le désagrément de faire lever à grande distance toutes les bécassines qui les aperçoivent, et compromettent le succès qu'on pouvait espérer.

La petite et la grosse bécassine sont beaucoup moins défiantes que celle dont nous venons de parler; elles ne crient point et ne font pas de crochets en partant, et se laissent approcher de si près qu'elles ne partent pour ainsi dire que sous les pieds du chasseur, comme si elles ne l'avaient point entendu; c'est ce qui leur a fait donner le surnom de *petite* et *grosse sourde*. On trouve la grosse dans les parties les plus limpides des marais; la petite, au contraire, dans les endroits les plus fourrés, au milieu de touffes d'herbes, où elle se tapit si bien qu'on ne la voit qu'au moment où elle vous surprend par son brusque départ; mais elle ne va pas remiser loin, et en la suivant de l'œil avec attention, on peut se mettre en mesure pour ne pas la manquer en arrivant une seconde fois sur elle.

Le *bécasseau*, *bécasson* ou *cul-blanc de rivière*, est une espèce de petite bécassine aussi estimée comme gibier que les oiseaux précédents, mais qui, habitant les grands cours d'eau, se chasse mieux au nageret ou en bateau qu'en suivant à pied le rivage. Nous donnerons plus loin la description de cette chasse, à propos d'oiseaux plus importants. On les prend aussi au tombereau avec moquettes et appeaux, et avec des lacets.

Il en est de même pour la chasse du *chevalier brun*, *à pieds verts*, *à pieds rouges*, de la *guignette*, de la *gambette*, de la *maubèche*, de l'*avocette* et de l'*alouette de mer*, oiseaux plus ou moins estimés, que l'on prend en même temps que le cul-blanc parce qu'ils fréquentent les mêmes parages et tombent dans les mêmes piéges.

Le *pluvier doré*, le *pluvier-vanneau* et le *vanneau*

sont des oiseaux de la grosseur du pigeon moyen,
qui arrivent en France par bandes nombreuses et
offrent à l'automne un gibier très-recherché. Ils ont
sur les pigeons le grand avantage d'être beaucoup

moins voraces et de rendre au contraire des services
à l'agriculture en détruisant une foule de vers et
d'insectes.

Le pluvier et le vanneau-pluvier se distinguent
du vanneau proprement dit par l'absence d'aigrette,
par leur taille un peu plus petite, et par un plumage
plus foncé, orné, dans l'espèce la plus commune,
de belles taches jaunes qui justifient l'épithète de
doré. Le nom de pluvier leur vient de ce qu'ils font
leur première apparition en automne, au moment
des grandes pluies, puis ils nous quittent pendant
les grands froids pour revenir au printemps.

Le grand pluvier ou *courlis* ne diffère des autres
que par sa grosseur, d'un tiers plus forte; le *pluvier
à poitrine blanche*, plus petit, est très-commun sur
les côtes nord-ouest de la France et passe pour le
plus délicat de tous. Il y a encore le *petit* et le *grand*

pluvier à collier, beaucoup plus répandu en Allemagne et dans la haute Italie qu'en France, où on le rencontre rarement.

Le vanneau, remarquable par son aigrette composée de longs brins effilés et par son beau plumage mêlé de blanc et de noir, à reflets métalliques, verts, rouges et dorés, doit son nom au bruit qu'il fait en volant, bruit assez semblable à celui que l'on produit en vannant du grain. Ces oiseaux arrivent au printemps et il en reste un certain nombre toute l'année ; ils font leur nid sur les parties les plus élevées des terrains humides qu'ils recherchent pour y trouver leur nourriture, et y pondent trois ou quatre œufs d'un vert très-foncé. Les petits sont presque tout de suite en état de courir; ils forment avec leurs parents des bandes nombreuses qui partent presque toutes au mois d'octobre pour le Midi. C'est à ce moment que la chasse en est la plus fructueuse, mais non toujours la plus facile pour le chasseur au fusil; car les vanneaux, comme les pluviers, sont très-défiants, très-mobiles, ne se laissent pas approcher, et marchent si vite que le chien peut à peine les suivre. Aussi a-t-on recours, pour les prendre en plus grand nombre, à la hutte de feuillage, à la vache artificielle, aux moquettes, aux filets et à la chasse au flambeau, que nous décrirons plus loin.

Le *vanneau suisse*, un peu plus petit que le vanneau ordinaire, donne moins facilement dans les piéges et dans les filets; il habite principalement les bords de la mer et les grands cours d'eau; c'est à coups de fusil et avec le nageret qu'on peut seulement lui faire une chasse avantageuse.

Le *guignard* est une espèce de vanneau assez commun dans le centre et le sud-est de la France,

où on préfère sa chair à celle du pluvier doré. Il
arrive plus tard et s'en va plus tôt que les autres
vanneaux, mais il est beaucoup moins rusé, et par
les temps chauds on l'approche et on le tire facilement. Il fréquente les lieux écartés et marécageux.

Nous voici arrivés à la chasse au *canard sauvage*,
dont le passage en France par bandes innombrables, à l'entrée de l'hiver, est un événement
heureux pour plusieurs départements, où ces
oiseaux sont l'objet d'une industrie et d'un commerce importants.

Le canard sauvage, dont le canard domestique
n'est qu'une variété abâtardie, est essentiellement
aquatique et voyageur; son caractère distinctif est
d'avoir quatre doigts, dont trois antérieurs palmés
et un doigt postérieur sans membrane; il a le bec
dentelé comme une lime, les plumes très-fortes et
résistantes, une grande vigueur de constitution, un
habillement magnifique. La tête, chez le mâle, est
d'un vert très-foncé, couleur d'émeraude, ainsi que
le cou, dont la partie inférieure est entourée d'un
collier blanc. Le dessus du corps est rayé de zigzags
très-fins, de brun cendré et de gris blanchâtre; la
poitrine est marron foncé. Quelques plumes de la
queue, toujours recourbées en cercle, servent,
avec le plumage plus brillant, à distinguer le mâle
de la femelle.

Les canards nous viennent, vers la Toussaint,
des contrées les plus septentrionales de l'Europe,
suivent le cours des grands fleuves ou le bord de la
mer, et s'abattent par masses énormes, quand les
hivers menacent d'être très-rigoureux, sur les
étangs, les relais de la mer, les bancs et les falaises,
et sur les rives de toutes nos rivières. Ils s'en

retournent au printemps vers le Nord ; mais quelques familles, se trouvant sans doute bien installées sur nos lacs, nous restent fidèles toute l'année, et permettent d'observer leur manière de vivre.

Les couples se forment à la fin de l'hiver, et les canetons, éclos en mai, vont de suite à l'eau, mais sont trois mois avant de prendre leur volée ; cette lenteur de croissance des ailes explique leur force et leur impénétrabilité. Il est à remarquer aussi que la coquille des œufs de cane est beaucoup plus

dure que celle des œufs des autres oiseaux ; c'est certainement un indice de la force d'organisation qui leur est particulière. On trouve dans les nids, faits de joncs et posés au milieu des roseaux, jusqu'à seize œufs, tous blanchâtres et sphéroïdes, c'est-à-dire plus ronds que ceux de poule.

Les chasseurs donnent le nom d'*halbrans* aux jeunes canards qui commencent à essayer leurs ailes, et qui, à cause de leur inexpérience et de leur chair plus délicate, deviennent leur proie la plus facile et la plus enviée. D'ailleurs, même quand leurs ailes sont plus fortes, ils s'éloignent peu des étangs qui les ont vus naître, et quand on peut tuer d'abord la mère, on vient à bout promptement de tous les enfants. On réussit presque toujours à les attirer à portée en attachant par les pattes avec une longue ficelle, à un piquet placé au bord de l'eau, une cane domestique qu'on lâche ensuite sur l'étang. Les jeunes canards qui l'entendent caqueter accourent avec empressement, croyant trouver leur mère, et le chasseur, caché derrière les roseaux ou les saules, n'a plus qu'à ajuster à son aise.

Mais si cette chasse est facile pour le petit nombre de canards sauvages acclimatés dans nos pays, il n'en est pas de même pour ceux qui nous arrivent du Nord avec toute l'expérience qu'on acquiert en voyageant. Ceux-là méritent doublement le nom de sauvages, car parmi tous les oiseaux de passage il n'en est peut-être pas de plus défiants et de plus difficiles à approcher. Aussi a-t-on imaginé toutes les ruses possibles pour les attirer ou pour aller à eux, et l'intelligence de l'homme finit généralement par l'emporter sur l'instinct du canard.

Ces animaux ont la vue, l'ouïe et l'odorat très-fins; il faut donc à la fois, pour réussir dans la chasse qu'on leur fait, du silence, une solitude apparente complète et des précautions infinies. Ce gibier s'effarouche à la vue de tout animal, encore plus si c'est un chien en quête, et bien davantage si c'est un homme; aussi emploie-t-on des rabatteurs qui s'en vont par les côtés opposés à celui que les chasseurs ont choisi pour tirer, afin de pousser plus sûrement les canards vers l'embuscade qu'on leur prépare. Ces traqueurs disparaissent dès qu'ils ont forcé les oiseaux à prendre la direction voulue.

Nous avons déjà parlé des huttes soit ambulantes, soit creusées en terre, dans lesquelles le chasseur se dissimule; dans le Nord on établit de ces huttes sur la glace même, au milieu d'îles factices autour desquelles on attire les canards sauvages à l'aide de canards privés, dressés à les appeler par leurs cris et leurs battements d'ailes; ou bien encore on se cache dans de grandes boîtes flottantes appelées *gabions*, et garnies en haut de meurtrières par lesquelles on tire à bout portant. On raconte qu'en Chine, ou plutôt à Manille, on prend beaucoup de canards à la main, en se mettant à la nage au milieu des lacs qu'ils fréquentent et en se cachant la tête dans des pots de terre cuite percés à la place de la bouche et des yeux. On ajoute qu'on habitue à l'avance les canards à la vue de ces pots, qu'on laisse flotter en grand nombre. Nous avouons que cette histoire de pots flottants nous faisait l'effet d'un conte; mais voilà qu'un de nos amis, grand chasseur et pêcheur, nous écrit en toutes lettres ceci : « Dans un étang où j'ai pied, je me mets sur « la tête une écaille de tortue, j'avance dans la « bande des canards, et j'en prends *de trop*. » Devant une pareille assertion et cette expression si énergique *de trop!* nous n'avons plus qu'à accepter toutes les versions qui nous arrivent de la Chine. En tout cas, cela prouve que si les canards sont sauvages, ils ne sont déjà pas si malins, ni en Asie ni en Europe.

Ce qui paraît certain, c'est qu'en Hollande, par exemple, où les canards s'abattent en bien plus grande quantité qu'en France, à cause de l'abri qu'ils croient trouver au milieu de cette multitude de canaux et de bras de mer qui découpent le

Zuyderzée, il y a des propriétaires d'étangs qui tuent ou font tuer à leur profit, pendant une seule saison, jusqu'à trois mille pièces de gibier, tant canards et sarcelles qu'oies et cygnes sauvages.

Ce sont les restes de ces grands passages qui arrivent sur nos côtes. Après avoir erré tout le jour sur les bancs arides et inabordables où ils ont trouvé un premier refuge, les canards reviennent le soir par volées sur les queues des étangs et dans les prairies marécageuses, pour y trouver leur nourriture; c'est ce moment-là que choisit le chasseur pour les tirer au passage; mais il a dû d'abord se cacher dans les roseaux, dans des trous ou des huttes peu apparentes, où il se garantit du froid comme il peut; il s'est procuré soit des canes domestiques pour servir d'appelants, soit, à défaut, des canes empaillées, qui, à la tombée du jour, suffisent pour tromper les oiseaux étrangers et les attirer dans le piége.

Il ne convient pas à tout le monde de se cacher dans les roseaux, ni dans des trous humides où il faut attendre la bonne volonté du gibier; aussi a-t-on inventé, pour la chasse aux oiseaux d'eau, de légers esquifs en sapin qui changent de nom suivant les pays : dans le Midi, ce sont des *nèguefol* (où des fous risquent de se noyer); dans le centre de la France, on les nomme *nagerets*. Ces petits bateaux sont juste assez grands pour contenir un homme couché avec ses armes et une perche garnie d'une fourche en fer à l'un de ses bouts. Le poids en est calculé de telle sorte qu'ils s'enfoncent presque à fleur d'eau. Le chasseur peut diriger la nacelle avec la main et voir tout ce qui se passe au dehors par-dessus les bords, qui ont partout la même élévation; il prend le dessous du vent, se dissimule derrière les roseaux et le long des berges, souvent assez hautes, et s'avance le plus doucement possible. S'il y a beaucoup de lune, ce qui est défavorable, il doit se tenir dans l'ombre.

Or, au moment des passages, les canards sont parfois réunis sur les étangs au nombre de plusieurs centaines, dans un espace de quelques mètres carrés; ils font assez de bruit en barbottant pour avertir le chasseur de leur présence, celui-ci approche dans son nageret, s'arrête s'il voit les canards inquiets lever la tête, avance de nouveau dès qu'ils sont rassurés, et quand il arrive à portée il fait du bruit pour les faire partir et tire successivement ses deux coups au beau milieu du groupe qu'il a en vue. Si l'impulsion donnée au batelet par la secousse du tir amène le chasseur au milieu des morts et des blessés, il n'a qu'à en ramasser le plus qu'il peut, car il s'en échappe toujours qui vont se cacher dans les herbes et les roseaux; si au contraire il a été porté trop loin, il est obligé de revenir sur ses pas et de se livrer à une recherche devenue plus difficile.

Dans le Midi ce sont les pêcheurs qui se livrent à cette chasse, qu'ils appellent une *rébalade*. Un chien leur serait certainement utile pour ramasser dans l'eau, après les deux coups tirés, les morts et surtout les blessés; mais, à moins d'avoir un animal parfaitement dressé au silence et à l'immobilité, et pas trop gros, il est plus sage de s'en passer. — Il y a des nagerets à deux personnes; l'une dirige, et l'autre tire.

Il y a encore un genre de chasse usité dans plusieurs provinces, c'est la chasse au réverbère. On place un falot devant un chaudron brillant qui fait réflecteur, et l'on se promène ainsi sur les bords des eaux habitées par les canards. Ils sont attirés et fascinés par la lumière, qui sert en même temps à les découvrir, de telle sorte qu'on peut les approcher et les tirer commodément.

Enfin on leur fait encore une chasse fort intéressante en exploitant l'aversion qu'ils éprouvent, à l'instar de la plupart des oiseaux, pour le renard; aversion qui les porte, non à s'enfuir, mais à s'avancer de son côté comme pour le narguer et le braver. A défaut de renard, qu'on dresserait difficilement à cet exercice, on se sert de ces chiens appelés loups-loups, dont la taille, le museau pointu et les oreilles droites les font ressembler au renard. Seulement, comme ils sont presque toujours blancs de poil, on les teint avec un peu d'ocre ou de couleur rousse. On dresse ces chiens à quêter entre les rives fréquentées par les canards et les abris que les chasseurs se sont préparés à l'avance, à peu de distance. Ceux-ci, munis de leurs canardières, se sont partagé le tir de manière à entamer de tous les côtés la bande qui se présentera; quelquefois ils se servent d'appelants pour venir en aide à la quête des chiens.

C'est au petit jour le matin, ou au crépuscule le soir, qu'il faut entreprendre cette chasse. Les canards ne tardent pas à apercevoir le chien qui quête le long du rivage; ils viennent en grand nombre au-dessus de lui, puis, après l'avoir bravé, ils s'en retournent; c'est le moment de tirer. Le vent venant de la mer n'a pas éventé les chasseurs et soulève les plumes du gibier, assez pour que le plomb pénètre dans la chair; les morts reviennent au rivage, où l'on n'a qu'à les ramasser; les blessés ne tardent pas à regagner les roseaux, où on doit avoir la patience de les chercher pour les achever.

et il faut pour cela un chien habile, car le canard
blessé plonge, nage entre deux eaux jusqu'à ce qu'il
ait trouvé un abri, il reste là immobile en ne laissant

passer que le bout de son bec hors de l'eau pour
respirer.

Nous avons déjà dit combien le plumage du
canard était impénétrable au plomb; c'est pour
cela qu'on ne peut le tirer au posé, et qu'il faut,
tout en étant bien près de lui, le faire partir afin
que les ailes se développent et que le duvet si épais
du ventre s'ébouriffe à l'air et ne fasse pas matelas
devant la grenaille; c'est aussi pour cela que nous
avons recommandé des canardières de fort calibre,
où l'on met charge entière de poudre et du plomb
n° 6, ou même n° 4, quand on n'a pas de grenaille
en fonte.

Il y a dans les falaises boisées qui bordent la mer
un canard nommé *tadorne*, un peu plus gros que le
canard commun; il a les jambes plus hautes et les
couleurs plus vives; il a l'habitude de se loger dans
les terriers des lapins, qui ne le dérangent pas, et
la femelle y fait sa ponte.

Le *pilet*, qui a une foule d'autres noms suivant les pays où on le rencontre, est un canard à queue fourchue qu'on trouve sur les rives de la Somme et de la Saône.

Le *garrot* est remarquable par l'espèce de ca-

puchon vert-noir qui lui couvre la tête et le cou, et par son humeur moins sauvage.

Le *milouin* est une espèce à tête brune qui habite surtout les étangs voisins de la Méditerranée et entre autres le grand étang de Maguelone.

Le *morillon*, bien plus rare, a le bec bleu et les plumes du derrière de la tête relevées en forme de panache.

Le *bernache* quitte rarement la mer; il faut de violentes tempêtes pour le forcer à gagner la plage. Il est remarquable par la blancheur de son ventre et de sa poitrine, et par le noir éclatant de son cou et de sa tête.

La *macreuse* ou *foulque*, nommée aussi *macroule*, *double macreuse* (grosse espèce), *morelle*, *judelle*, suivant les pays, est un beau canard, d'un noir brillant en dessus, un peu plus terne en dessous, qui a les pattes brunes et garnies de membranes

noires découpées en forme de feston. Cet oiseau
vole très-bas, en rasant la surface des eaux, mais il
est aussi difficile à approcher que le canard sauvage
ordinaire, et on le chasse par les mêmes moyens.
Il s'en abat de grandes quantités sur les côtes de
Picardie, et il en reste beaucoup pendant toute
l'année. Dans les hivers rudes où les étangs gèlent,

ils cherchent les embouchures des rivières, qui leur
offrent toujours des eaux courantes ; mais il y en
a qui, se laissant surprendre par le froid, restent
entassés sur les lacs dans des espaces étroits où la
chaleur de leur corps et le mouvement qu'ils se
donnent empêchent seuls l'eau de se congeler ; on
peut alors les prendre par centaines, car, même
quand ils ont encore assez de force pour s'élever en
faisant leurs randonnées ordinaires, ils sont obligés
de revenir dans les clairs d'eau pour y trouver repos
et nourriture.

La *sarcelle*, que beaucoup de chasseurs regardent
comme le plus délicat des oiseaux aquatiques, est
un canard de petite taille, dont le plumage est très-
nuancé de lignes blanches et brunes sur un fond
cendré. Il y en a deux espèces, la petite et la grosse.
La grosse passe dans nos contrées au printemps et
à l'automne ; la petite, de la taille du pigeon, reste
toute l'année en France et fait son nid dans les

roseaux. Au moment des gelées, elle se rabat sur les rivières et les fontaines d'eau chaude; elle se nourrit de cresson, de cerfeuil sauvage, de graines, de jonc et de petits poissons. On la chasse dans les joncs avec le chien d'arrêt et on la tire au vol, ou bien avec le nageret et toutes les ruses employées pour les autres oiseaux d'eau.

Le canard *eider* se rapproche beaucoup de l'oie pour la taille comme pour la forme; le canard *souchet*, au contraire, est plus petit, mais plus beau de plumage; il ne vient en France qu'en février pour repartir en septembre.

Le canard *siffleur* ou *vingeon*, dont le cri aigu diffère de celui des autres canards, arrive en novembre et repart en mars.

Tous ces canards se chassent de même, et la plupart sont considérés comme gibier maigre pouvant se manger en carême.

Nous dirons peu de chose des autres oiseaux d'eau, qui sont rares en France, et dont la chasse ne présente aucune modification importante.

L'*oie* et le *cygne* sauvages sont plus petits que les mêmes espèces privées; on ne les approche qu'à l'aide de la vache artificielle ou de moyens analo-

gues, et on les attire aussi avec des oies ou cygnes
domestiques ; mais par la même raison il arrive que
ceux-ci partent quelquefois avec les troupes sauvages qui viennent à passer au-dessus des basses-
cours où ils demeurent. — Il faut, pour percer ces

gros oiseaux, des chevrotines, ou au moins de la
grenaille encore plus forte que pour le canard.

La *grue* est un des plus grands oiseaux d'Europe ;
elle passe en France à l'automne et au printemps,
et quand il s'en abat une troupe sur un champ
ensemencé, elle y fait de grands dégâts, car elle
dévore les grains aussi bien que les insectes, les
vers et tous les petits reptiles. Par la forme de son
corps, son long cou et ses longues jambes, elle tient
à la fois de la cigogne, du héron et de l'outarde.
Son bec droit et pointu ne mesure pas moins de
10 centimètres, et ses doigts ne sont pas réunis par
des membranes, malgré sa nature aquatique.

La *cigogne* blanche, qui est la plus commune,
s'apprivoise aisément ; la noire est beaucoup plus
sauvage ; elle ne fait que passer en France et vit
seule dans les marais boisés, où elle trouve des

grenouilles, de petits poissons et toute sorte d'insectes. Elle niche sur les arbres verts les plus élevés. On la tire, ainsi que la grue, à l'affût, ou on l'approche avec la hutte ambulante.

Le *héron*, si peu estimé aujourd'hui comme gibier, ainsi que tous les oiseaux qui se nourrissent de poisson, était chez les anciens la pièce principale des repas; il est probable qu'il y en avait alors un bien plus grand nombre, et que l'habitude de manger cette chair y avait habitué les palais de nos ancêtres, moins délicats que les nôtres. Cet animal est bien reconnaissable à son long cou grêle garni dans le bas de plumes effilées et pendantes, et à son corps étroit et efflanqué monté sur de hautes échasses. Sa tête, d'un bec proportionné au cou, est surmontée d'une huppe noire, et son plumage est d'un cendré bleuâtre mêlé de jaune et de noir. On connaît la patience avec laquelle il guette des heures entières, posé sur une seule jambe et dans une complète immobilité, le passage d'un poisson à sa convenance. Il chasse surtout la nuit et dort le jour; on le surprend souvent au milieu des roseaux; mais à l'aide de son bec effilé et très-fort il se défend avec énergie contre les chiens.

Le *butor* est un héron plus épais de corps que le précédent; son cou est plus garni de plumes; il est moins stupide, mais aussi plus sauvage.

Le *harle* tient le milieu entre le canard et le héron; il plonge et disparaît avec une rapidité extraordinaire, ce qui le rend très-difficile à tirer; il ressemble en cela au *plongeon*, qui doit son nom à la facilité avec laquelle il s'esquive sous l'eau à la moindre alerte; par compensation, ces oiseaux marchent mal et volent avec pesanteur.

12.

Le *guillemot* se trouve par milliers sur les glaces du Nord, et vient s'abattre par troupes nombreuses sur les côtes ouest de la France. Il fait son nid sur les pointes les plus élevées des falaises, où il faut, pour l'atteindre, une certaine audace et des fusils de fort calibre. Ses ailes courtes ne lui permettent pas de s'envoler facilement, et on le chasse en barque jusqu'en pleine mer, où il va se reposer sur la vague lorsqu'on l'a forcé de quitter la terre. Il plonge pour échapper au chasseur, mais bientôt, forcé de reparaître, il s'offre à plein corps au plomb meurtrier.

CHAPITRE IV

Si la chasse à tir est fort intéressante, justement
à cause des difficultés qu'elle offre et du violent
exercice qu'elle procure, la chasse aux piéges, autrement dit l'*aviceptologie*, passionne également les
personnes qui en font leur spécialité, parce qu'elles
ont à y déployer une adresse fort grande, une patience à toute épreuve, et un esprit d'observation
dont une intelligence fine et sagace est seule capable.

La loi française sur la chasse défend à peu près
complétement l'emploi de tout engin autre que le
fusil; mais outre la faculté laissée aux préfets d'autoriser pour certaines chasses l'usage de tous les
moyens de destruction connus, il reste toujours aux
propriétaires de terrains clos le droit de faire chez
eux ce qui leur plaît. Nous écrivons donc pour eux

et pour les étrangers, et non pour encourager à la désobéissance à la loi.

§ 1er. — Appeaux naturels et artificiels.

On entend par piéges tous les instruments, autres que les armes à feu, propres à prendre le gibier mort ou vivant. Il y en a un si grand nombre que nous ne parlerons que des plus usités, et pour plus de clarté nous les diviserons par genres.

Nous décrirons d'abord les moyens naturels ou artificiels qu'on emploie pour attirer les oiseaux dans les piéges qui leur sont tendus, puis les engins qu'on fabrique sur place ou qu'on prépare avec des matériaux très-simples, ensuite les filets de différentes sortes, avec la manière de les faire et de s'en servir ; enfin les piéges compliqués, à ressorts et à combinaisons plus ou moins savantes.

Nous avons déjà expliqué, à propos de la chasse à la perdrix, ce qu'on appelle *chanterelle* : c'est un oiseau apprivoisé ou prisonnier qui a pour mission d'attirer ses pareils par ses chants de joie ou ses cris de douleur. Tantôt on le laisse dans sa cage ; tantôt on l'attache par la patte, ou mieux par un petit corset de cuir, avec une longue ficelle, pour mieux l'exciter à chanter par une apparence de liberté et pour mieux tromper les oiseaux étrangers que la vue de la cage pourrait effaroucher.

Ce que l'on faisait pour la perdrix s'applique parfaitement à toute espèce d'oiseaux ; on a reconnu que, soit par curiosité, soit par sensibilité, soit par passion amoureuse, ces animaux ne peuvent résister à l'appel de leurs semblables, et les trois quarts des volatiles sont victimes de cet entraînement de leur nature.

Sauf la perdrix et la caille, pour lesquelles le nom de chanterelle est réservé, on nomme *appelants* tous les oiseaux dressés à ce triste métier d'agent provocateur; on les nomme *moquettes* ou *mouvants*, lorsqu'ils n'ont pour objet que d'attirer par leurs mouvements et non par leur voix; enfin ce sont des *balvanes* lorsqu'à défaut d'oiseaux vivants on en emploie d'empaillés; on a soin, dans ce cas, de les placer dans les attitudes qui leur sont naturelles et seulement aux endroits où ils pourraient exister en réalité.

On n'a pas toujours d'oiseau vivant pour appeler ceux qu'on veut prendre, et de tous temps les oiseleurs se sont exercés à imiter les cris de ceux qu'ils entendaient dans les champs ou sous les bocages; c'est un talent poussé très-loin par quelques personnes, et une longue observation peut seule le donner, car il s'agit de varier à l'infini les tons, suivant les saisons et les sentiments divers éprouvés par les oiseaux. Les gens du métier savent presque tous, en posant leurs doigts d'une certaine façon sur leurs lèvres, imiter parfaitement tous les cris d'oiseaux, depuis l'alouette jusqu'au canard sauvage; mais les simples amateurs ne peuvent acquérir le même talent, et on a imaginé pour eux un certain nombre d'appareils qui constituent les appeaux artificiels les plus en usage; on les trouve chez tous les marchands d'ustensiles de chasse et de pêche; et ils ne sont que des perfectionnements ou des imitations des appeaux primitifs inventés par nos pères.

Avec un simple noyau de pêche usé sur ses deux faces jusqu'à ce qu'un trou rond se soit formé de chaque côté, on produit, après avoir vidé l'intérieur, un son clair imitant très-bien le cri de l'alouette; en

serrant les lèvres plus ou moins, on modifie le son
de manière à tromper presque tous les autres petits
oiseaux, comme les linottes, pinsons, becfigues, etc. ;
les appeaux de métal ne sont qu'une reproduction
de ce noyau.

Avec les os des ailes de l'oie ou du héron, ou avec
ceux des cuisses du mouton, du lièvre ou du chat,
les anciens oiseleurs fabriquaient toutes sortes d'appeaux pour des oiseaux plus forts ; ainsi, prenant un
os de mouton, long par exemple de dix centimètres,
ils en disposaient l'embouchure en forme de sifflet,
perçaient dans la longueur deux petits trous, bou-
chaient l'extrémité inférieure avec de la cire, puis,
en fermant, rapetissant ou étendant davantage,
tantôt avec leurs doigts, tantôt avec de la cire, les
différentes ouvertures, ils modifiaient les sons pour
chaque espèce de gibier. C'est ainsi qu'on attire encore souvent la perdrix, le pluvier, le vanneau et
beaucoup d'autres.

On a remarqué que pour la perdrix rouge l'os tiré
de la cuisse d'un lièvre donne le résultat le plus
certain.

Pour la caille, on ajoute à l'os disposé comme
nous l'avons dit une peau de chat ou de lapin cousue
en forme de sac et bien adaptée à l'extrémité du
sifflet ; cette espèce d'outre, pressée par la main,
rend un son qui imite tout à fait le cri de la caille
femelle ; on donne un son plus clair au printemps,
plus fort en été ; cet appeau se nomme *courcaillet*,
par analogie avec le cri de la caille.

L'appeau destiné à la *pipée*, c'est-à-dire à imiter
le cri de la chouette et du moyen-duc, si détesté
des autres oiseaux, cri qui les fait accourir pleins
de fureur contre leur ennemi commun, est fait
d'une simple feuille de chiendent mince, recou-

verte d'un léger duvet, cueillie verte dans le milieu
de la tige, afin de n'être ni trop dure ni trop faible;
elle doit, étant fanée, garder sa souplesse, et on
l'entretien en bon état en la
mettant entre des feuilles de
papier gris imbibées d'eau vinai-
grée.

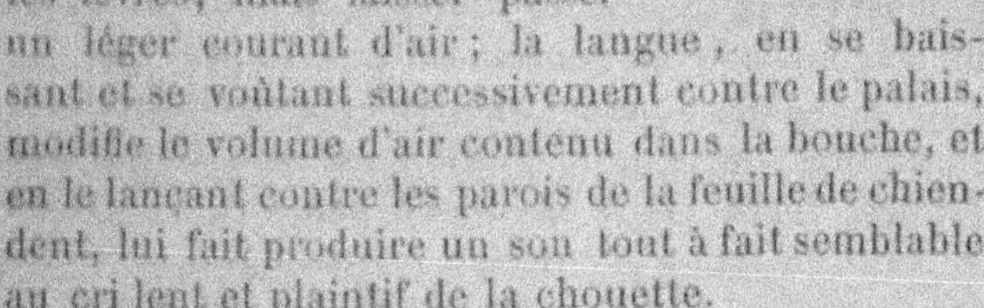

On tient cette feuille entre les
lèvres à l'aide du pouce et de
l'index; elle ne doit ni toucher
les dents, ni être pressée par
les lèvres, mais laisser passer
un léger courant d'air; la langue, en se bais-
sant et se voûtant successivement contre le palais,
modifie le volume d'air contenu dans la bouche, et
en le lançant contre les parois de la feuille de chiendent, lui fait produire un son tout à fait semblable
au cri lent et plaintif de la chouette.

La feuille de lierre sert à son tour d'*appeau à
frouer*, c'est-à-dire à imiter le
cri des divers oiseaux quand
ils sont agités par la crainte
ou la colère que leur inspire
la chouette; on perce cette
feuille au milieu, et en l'ap-
pliquant sur les lèvres on en
tire des sons variés, suivant

les espèces d'oiseaux qu'on veut surtout attirer.

C'est par la combinaison de ces divers appeaux,
et surtout des deux derniers, qu'on réussit dans les
grandes pipées que l'on prépare au milieu des bois
solitaires, et où l'on prend par centaines, non-
seulement des oisillons, mais aussi des grives, des
merles, des geais, les plus acharnés de tous contre
la chouette, qui viennent s'abattre sur les gluaux

disposés sur les arbres et les buissons par l'oiseleur
caché dans une hutte de feuillage placée au centre
de l'opération. Tous ces oiseaux, aveuglés par la
colère, croient trouver l'ennemi dont ils entendent
la voix, ou leurs frères en danger, dont ils reconnaissent les cris; ils descendent sans réflexion de
branche en branche sur les gluaux et tombent par
terre avec eux sans pouvoir s'en dégager. Au bout
de quelques minutes l'oiseleur, sortant de sa cachette, va les ramasser, et la récompense de sa
peine est proportionée au talent qu'il a su déployer; car la théorie ne signifie rien pour un talent
de ce genre : c'est l'observation et la pratique qui
peuvent seules donner l'habileté. Il s'agit de prendre
la nature sur le fait, d'imiter les cris, tour à tour
faibles, forts, clairs et sourds, plaintifs ou irrités,
suivant ce qu'on a entendu soi-même en écoutant
les querelles des oiseaux entre eux, leurs cris de
frayeur ou de colère devant les oiseaux de proie, et
la manière dont ceux ci les appellent, les poursui-
vent ou s'en éloignent quand ils ne se croient pas
les plus forts.

Nous le répétons, les appeaux fabriqués, à sifflet,
à languettes, à spirales, ne sont que des imitations
plus ou moins heureuses de ceux que nous venons
de décrire, et leur description détaillée nous mène-
rait trop loin.

§ 2. — Engins faciles à préparer.

Les *gluaux* sont certainement le piége le plus
simple et le plus infaillible pour prendre toutes
sortes d'oiseaux. Au printemps ou à l'automne,
quand la séve commence ou finit, on s'approvisionne
de petites branches de saule ou de bouleau longues
d'environ 50 centimètres, bien unies, droites et

minces, souples et résistantes; on les effeuille, on
taille le gros bout en forme de coin pour mieux
entrer dans les fentes pratiquées aux branches sur
lesquelles on doit les placer, et on les enduit de glu
à partir du tiers de leur hauteur jusqu'au petit bout.
On laisse la partie inférieure libre, afin de les toucher
et de les poser sans s'engluer les mains. Il n'est pas
nécessaire d'engluer chaque baguette séparément;
on en prend une petite poignée qu'on garnit tout
autour d'une couche épaisse de glu avec une spatule,
puis on frotte et on roule ensemble tous les gluaux,
qui se garnissent ainsi également de la quantité
convenable pour chacun d'eux. Pour les conserver
et les emporter, on les met ensuite soit dans une
peau de mouton retournée, soit dans une feuille de
parchemin, soit dans un carton huilé.

La glu s'achète presque toujours toute faite; cependant, pour les personnes qui se trouveraient trop
éloignées des marchands qui en tiennent, nous dirons qu'elle se fabrique avec l'écorce du houx,
qu'on fait d'abord bouillir dans l'eau pendant sept
à huit heures; quand elle est bien attendrie par
cette cuisson, on la laisse fermenter pendant quinze
jours en terre dans une fosse qu'on recouvre de
pierres; au bout de ce temps elle forme une espèce
de mucilage qu'on broie dans un mortier. On pé-
trit et on lave cette pâte à l'eau courante pour la purger de toute matière étrangère, puis on la laisse
encore fermenter pendant quatre à cinq jours
dans des pots en terre, et elle est ensuite bonne à
employer.

On fait aussi de la glu avec de l'écorce de gui, et
on pourrait en faire avec la plupart des jeunes pousses d'arbrisseaux préparées de la même manière;
l'important, c'est de composer une pâte à la fois fi-

lante et visqueuse. La meilleure est celle qui est aigre
et verdâtre ; quand elle est séchée par un long con-
tact à l'air, elle doit, quand on l'a réduite en poudre et mouillée, reprendre sa ténacité primitive. En
été, on l'épaissit au besoin avec de la térébenthine ;
en hiver au contraire on la préserve de la gelée par
un mélange d'huile d'olive. Quand on s'en est mis
aux doigts, on s'en débarrasse avec de l'huile ou du
beurre, et on se lave ensuite avec du savon noir et
de l'eau.

On emploie les gluaux de toutes les manières ; on
a vu que c'était le piége ordinaire des pipées ; d'autres fois on dispose au milieu d'un champ un faux
buisson avec des branchages entrelacés ; on place
dessus quelques douzaines de gluaux, on s'établit à
2 mètres de distance des appelants, et bientôt les
autres oiseaux arrivent, descendent sur le buisson et
se prennent par les pattes ou par les plumes. Tantôt
on les plante avec une négligence apparente et fortement inclinés à l'entrée la plus facile d'une mare
où les oiseaux viennent se désaltérer, et à peu de
distance des arbustes qui ordinairement entourent
ces espèces d'abreuvoirs ; les oiseaux, en descendant
de branche en branche, suivant leur habitude, trouvent commode de se percher en dernier lieu sur les
gluaux avant de choisir leur place sur le bord de l'eau.

Quelques oiseleurs s'amusent encore à fixer légèrement un gluau au bout d'une canne à pêche, et,
cachés derrière un arbre, ils approchent doucement ce gluau d'un oiseau qu'ils voient perché au
milieu des branches. Celui-ci ne fuit pas, comme
on pourrait le croire ; il s'étonne, recule un peu,
mais on brusque le mouvement, et l'oiseau collé
au gluau tombe avec lui par terre, où l'oiseleur le
ramasse.

Le *cornet englué* est bien connu pour prendre les corbeaux et les corneilles, qui voient de si loin. Par les temps de neige, où ils trouvent difficilement leur nourriture, on place au milieu de la neige ces cornets faits en papier fort et garnis au fond de morceaux de viande ou simplement de chiffons rouges ; les oiseaux se précipitent sur la pâture, se coiffent avec le bonnet, s'envolent à perte de vue et retombent bientôt presque à la même place.

L'*arbret* est une branche d'arbre bien garnie de rameaux que l'on plante en terre ; on élague toutes les petites branches jusqu'à quelques centimètres de leur origine, et les bouts ainsi ménagés servent de tenons à des morceaux de branche de sureau garnis de leur moelle ; dans cette moelle on enfonce le pied des gluaux ; ceux-ci, n'offrant qu'une résistance 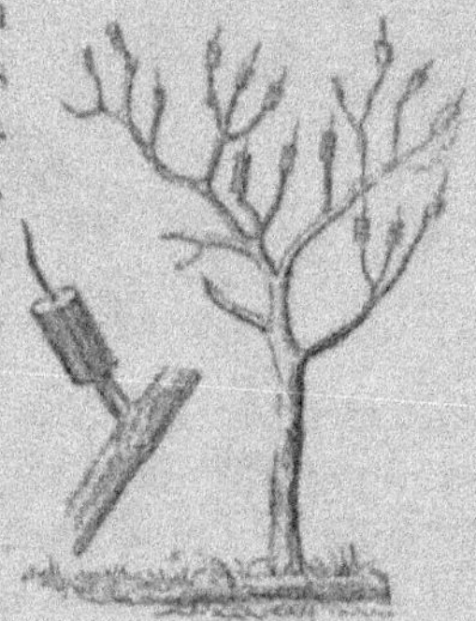 légère aux oiseaux qui viennent se percher dessus, tombent avec les prisonniers qu'ils ont faits.

Pour réussir à ces différentes chasses, comme à toutes celles qui leur ressemblent, il faut choisir les cantons bien peuplés d'oiseaux, se servir d'appelants si on en a, ou d'appeau si on sait les employer, dissimuler sa présence autant que possible, et connaître les heures de la journée où il y a le plus de chances d'attirer le gibier. La pipée se fait plutôt dans l'après-midi, la chasse à l'abreuvoir vers dix heures et trois heures dans la journée ; les autres piéges réussissent généralement le matin et le soir, au lever du soleil ou à son coucher. — On emploie toujours avec avantage les appâts naturels, comme les fruits, les baies, les graines de toutes sortes, et en hiver les fruits artificiels, qui attirent d'autant plus les oiseaux que ceux-ci en sont privés davantage.

La *trappe*, que l'on forme, soit avec des briques formant carré et une tuile suspendue au-dessus, soit avec une fosse en terre qu'on recouvre d'une planchette retenue en l'air par un léger soutien, soit avec un tamis ou une boîte quelconque posant par un bout à terre et soulevée de l'autre, a toujours pour principe le jeu d'une fourchette qui, dérangée par

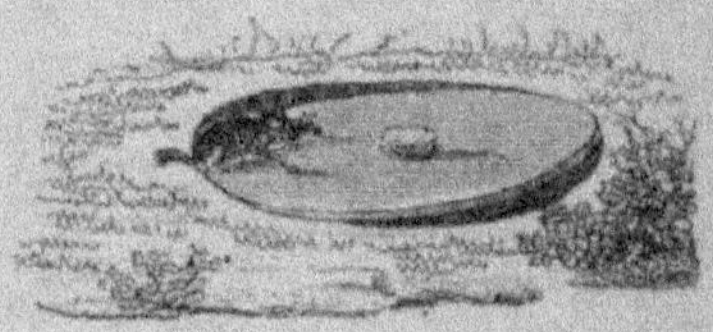

l'oiseleur ou par l'oiseau, laisse tomber sur celui-ci le couvercle qu'elle tenait en équilibre. Ou c'est l'oiseau qui, en ramassant les grains et les miettes qu'on lui a offerts comme appât, se pose sur les bâtonnets et les entraîne, ou c'est l'oiseleur qui, de sa cachette, quelquefois de sa chambre, tire la ficelle au moment où l'oiseau mange sans défiance la nourriture qu'il trouve dans l'intérieur du piége.

Le *lacet* est une lignette, soit en fil, soit en crin

plus ou moins fort, qu'on attache par un bout à un piquet ou à une branche d'arbre, qu'on dispose en nœud coulant à l'endroit où on attend l'oiseau, et dont on tient l'autre extrémité à une distance assez grande pour n'être pas en vue. Ainsi, par exemple, on dispose ce nœud autour d'un nid, tandis que la mère est absente ; elle revient, et, tout en se posant sur ses œufs, elle tend le cou au dehors pour veiller à sa sûreté ; c'est juste à ce moment que l'oiseleur tire le lacet et tue ou prend la pauvre mère.

Le *collet* est d'un usage plus général et plus commode puisqu'il agit par la pression de l'oiseau lui-

même. On le fait, suivant la force qu'on veut lui donner, avec deux, quatre, six ou huit crins blancs tordus ensemble comme une corde et arrêtés par des nœuds, puis terminés par une boucle. On le dispose en nœud coulant se tenant ou-vert par suite de la roideur du crin, et on fixe l'extrémité li-bre dans une fente pratiquée à un piquet ou à une branche d'arbre. Tantôt on place ce collet sur le passage de l'oiseau,  et soit en marchant, soit en voltigeant, il pèse sur le nœud coulant, qui en se resserrant le retient par le cou ou par les pattes. Tantôt on le suspend à des ar-bustes en l'amorçant avec des fruits, du raisin, un appât quelconque, et l'oiseau, venant se percher dessus pour manger commodément, est encore pris. Ce collet se nomme *pendu* ou *suspendu*. On multiplie souvent ces collets au même endroit en les attachant à distance convenable, soit à une longue branche d'arbre, soit à un volant ou baguette de bois vert qu'on plie en arc; la corde de l'arc est un fil de fer qui porte les collets, et l'arc lui-même est attaché fortement par un de ses bouts à une branche d'arbre.

Les *collets traînants* sont surtout destinés aux alouettes, qui ont l'habitude de chercher leur vie en trottant dans les sillons des champs de blé; ils sont faits de deux crins seulement et attachés de 6 en 6 centimètres à une ficelle retenue elle-même au-dessus du sol par des crochets fichés en terre de 50 en 50 centimètres. On prend ainsi, au printemps et à l'automne, de grandes qantités d'alouettes.

Le *brai* est encore un piége assez simple dont on vante beaucoup les résultats; l'oiseleur peut le faire agir seul, et il doit pour cela se cacher dans une loge ou un abri quelconque. On prend deux tringles de bois s'ajustant l'une contre l'autre, soit à plat, soit par une rainure; on attache à l'extrémité de l'une d'elles une ficelle qu'on passe dans l'autre par un trou correspondant, et on fait ainsi repasser cette ficelle deux ou trois fois à travers les deux parties de l'instrument, qui est monté sur un long manche tenu par l'oiseleur. Celui-ci a eu soin de bien savonner la corde; il en retient le bout dans sa main, laisse son brai entr'ouvert de quelques centimètres et se met à frouer. Les oisillons arrivent; dès que l'un deux pose les pattes sur une des tringles, l'oiseleur tire la ficelle, les deux parties du brai se resserrent et font l'oiseau prisonnier.

La *glanée* est un appareil un peu plus compliqué, qui sert à prendre les oiseaux d'eau; c'est encore à l'aide de collets. On fait passer à travers une planche ou une tuile deux ou quatre fils de fer un peu forts

et tordus ensemble, de manière que les extrémités
seules s'écartent en sens inverse les unes des autres ; on attache solidement à chacune un collet de
huit crins. Au préalable on a enduit la tuile ou la
planche d'une couche de terre glaise dans laquelle
on a semé des grains de blé cuits. On descend le
piége dans l'eau, à 10 centimètres de profondeur,
aux endroits fréquentés par les canards ; ceux-ci
ne tardent pas à apercevoir le grain ; ils se jettent
dessus et se prennent d'une façon quelconque à
l'un des collets. Comme l'oiseau en se débattant
pourrait emporter le piége au loin et se perdre au
fond de l'eau, on a généralement la précaution

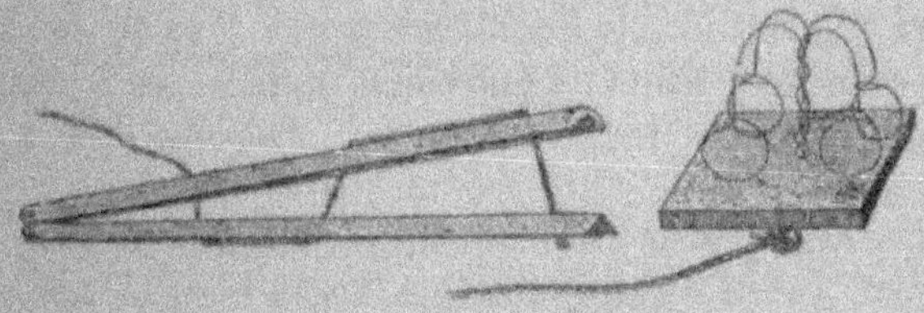

d'en préparer plusieurs à la fois qu'on réunit par
une corde passée en dessous dans les anneaux formés par les fils de fer; cette corde est fixée à la
rive, et, lorsqu'on vient voir si le piége a réussi, on
n'a qu'à la tirer à soi. Pour être plus sûr du succès,
on a soin de placer des épouvantails, composés de
simples morceaux de papier blanc suspendus aux
roseaux, du côté où l'on n'a pas mis de piéges,
afin de pousser les canards vers l'endroit où les piéges sont tendus.

§ 3. — Fabrication et emploi des filets.

Les oiseleurs et les pêcheurs aiment en général à
fabriquer eux-mêmes leurs filets ; c'est moins pour

l'économie qu'ils y trouvent que pour la distraction que ce travail leur procure et pour la solidité qui résulte du choix de bons matériaux. Puis ils apprennent plus facilement à les raccommoder, ce qui a bien son importance et demande encore plus d'adresse que la fabrication du filet lui-même.

Il est peu de jeunes gens qui ne se soient amusés à faire du filet; il nous paraît donc inutile d'essayer de leur expliquer comment on tient son moule et son aiguille ou navette; comment on emplit celle-ci, et comment on la fait manœuvrer autour du moule et de la main pour former la maille et arrêter le nœud. En fait de travaux de ce genre, cinq minutes de leçon pratique en apprennent beaucoup plus que les détails fastidieux par a, b, c, x, de tous les manuels. Nous ne pouvons, pour notre compte, supporter la lecture de ces descriptions embrouillées.

On sait que le premier rang d'un filet se nomme *levure*, qu'on l'établit sur une ficelle tendue à deux anneaux, qu'on commence par des espèces de demi-mailles auxquelles se rattachent en ordre parfaitement symétrique tous les autres rangs de mailles. Si, après avoir commencé sur un certain nombre de mailles, on veut réduire la largeur du filet, on fait des *rapetisses* ou fausses mailles, c'est-à-dire qu'on prend deux mailles au lieu d'une en commençant le nouveau rang ou en le finissant. Veut-on le contraire, on fait des *accrues* par des demi-mailles que l'on ajoute dans le rang qui va suivre.

On appelle *enlarmure* les rangs de mailles en ficelles plus fortes que l'on fait tout autour du filet pour le terminer et le soutenir; c'est un travail qui demande beaucoup de soin si l'on veut donner une bonne mine à l'ensemble et en faciliter le bon emploi.

Lorsque l'on n'a pas choisi de suite, pour faire un filet, le fil de la couleur la plus convenable pour l'usage auquel on le destine, il est sage de le teindre tant pour mieux le dissimuler aux yeux du gibier que pour le rendre plus durable. S'il doit servir dans les prés, on le frotte avec du blé vert haché et pilé; si c'est dans les chaumes, on le trempe dans une décoction de gaude assombrie par une légère dissolution de couperose. Si l'on doit l'employer sur la terre nue ou pendant la nuit, c'est le tan qui convient le mieux pour le brunir et le garantir en même temps de la pourriture. A défaut de tan, on a recours à une décoction de brou de noix ou de racine de noyer réduite en petits morceaux.

Les filets destinés à la chasse aux oiseaux sont généralement de grande dimension; le fil doit en être d'autant plus solide, et proportionné pour la grosseur à l'étendue des mailles, qui varie nécessairement suivant le gibier qu'on veut prendre. Ainsi, pour les petits oiseaux comme le pinson, le rouge-gorge, l'ortolan et autres de même taille, la maille ne doit avoir que 2 centimètres d'ouverture ou de diamètre; on va jusqu'à près de 3 pour l'alouette, à 4 pour la caille, à 6 pour la perdrix, à 8 pour les canards.

Les *nappes à alouettes* ont jusqu'à 20 mètres de long sur 2 mètres à 2^m,50 de large; les mailles s'en font en losanges. Pour employer ces nappes, on commence par passer dans les mailles de l'enlarmure une forte ficelle que l'on termine aux quatre coins par une boucle; ces boucles servent à retenir les bâtons qui tiendront chaque nappe tendue sur le terrain. On les étend bien en regard l'une de l'autre, en laissant entre elles un espace calculé de telle sorte qu'en s'abattant les bords de l'une couvrent

les bords de l'autre. Le dessin que nous donnons
indique comment les nappes sont retenues à leurs
bouts inférieurs et intérieurs, et comment l'oiseleur
qui, à certaine distance, tient la corde qui les réunit,
peut les faire pivoter de manière que les bords ex-
térieurs se relèvent et s'abattent sur le terrain resté
nu. Le côté qui regarde l'oiseleur s'appelle la tête;

l'autre, par conséquent, la queue. On a soin de
placer entre les deux nappes, soit un appelant, soit
un miroir, soit du grain, quelquefois tout cela ensemble, et quand un nombre suffisant de ces oiseaux
voltige entre les filets, il faut, par un mouvement
rapide, faire jouer la corde et envelopper le gibier
sous les nappes qui se croisent.

En hiver on dispose autrement les nappes pour
faire la chasse nommée la *ridée*, à cause de l'habitude qu'ont les alouettes en cette saison de voler
à ras de terre. Comme on n'a plus à les attendre
d'en haut, on met les nappes bout à bout au lieu
de les mettre en regard, puis on va par la plaine
pour rabattre les oiseaux du côté des filets, qu'on
fait jouer lorsqu'il y a un bon nombre d'allouettes
réunies dans l'espace à recouvrir par les nappes.
Dans ce cas, pour faciliter et diriger le mouvement
de la corde, on la fait passer sur une poulie que
porte un piquet enfoncé à 5 mètres de distance de
la tête du filet.

Il va sans dire que l'on peut employer ce mode de chasse pour toute sorte d'oiseaux; mais c'est surtout l'alouette que l'on y prend en grande quantité.

Le *hallier* ou *trémail* fonctionne d'une tout autre façon que les nappes; il est composé de trois filets superposés; celui du milieu se nomme nappe comme le précédent et est fabriqué de même, c'est-à-dire à mailles en losanges assez étroites pour retenir le gibier; mais les deux autres, que l'on appelle *aumées*, sont au contraire composés de mailles carrées assez grandes pour laisser passer les oiseaux; il en résulte que, quand ceux-ci se jettent dans les filets, soit d'un côté, soit de l'autre, ils forcent la nappe du milieu à faire poche dans les aumées et s'y embarrassent bien davantage. Nous devons de suite faire remarquer que la nappe, dans ce cas, a en largeur et en longueur le double ou le triple de la dimension donnée aux aumées, tout en n'occupant pas plus de place. Voici comment on s'y prend :

Les aumées ont, par exemple, 6 mètres de long et 2 mètres de haut; la nappe aura de 12 à 15 mètres de développement et 3 mètres de largeur. On étend d'abord l'aumée par terre, on enfile ensuite une ficelle dans l'enlarmure de la nappe, et on la fronce de chaque côté, jusqu'à ce qu'elle soit réduite à la largeur de l'aumée, puis on la pose sur la moitié de la largeur de celle-ci, en distribuant aussi également que possible les plis. Après cela on ramène sur la nappe la moitié restée libre de l'aumée, et on redresse le tout verticalement à l'aide de piquets enfoncés en terre de distance en distance, qui doivent avoir au-dessus du sol la hauteur du hallier, soit 1 mètre. On comprend que, quand on a rabattu

le gibier du côté de ce filet ainsi disposé, l'oiseau,
dans sa fuite, se jetant dans la première aumée,
force la nappe à faire poche dans l'aumée de l'autre
côté, et s'y empêtre de lui-même. On prend ainsi
beaucoup de perdrix, de cailles, de faisans, de râles
et d'oiseaux d'eau.

Le *rafle* est un hallier trois fois plus large que
celui-ci ; on le tient tendu à deux à l'aide de perches
qui sont attachées à l'enlarmure des côtés ; il est

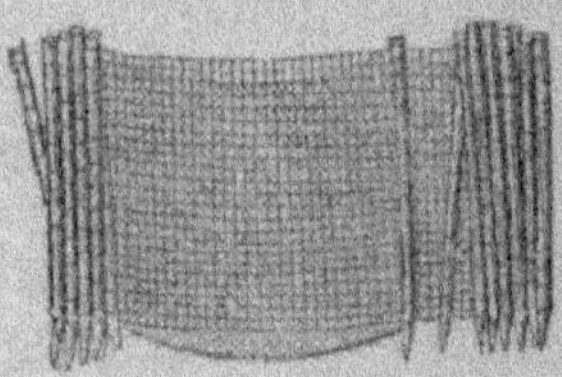

surtout destiné aux oiseaux de moindre taille,
comme grives, merles, alouettes et oisillons : et il
y a des nuits où l'on fait de véritables rafles sur
tout ce petit gibier.

Le *traîneau* est encore plus destructeur que le
rafle. C'est un filet simple, à mailles carrées, mais

ayant 20 mètres de long sur 4 de large, que l'on
traîne à deux en le soutenant avec des perches
attachées à l'enlarmure du haut ; l'enlarmure du bas
est garnie de distance en distance de ficelles de 1 mètre
à peu près de longueur, auxquelles on attache des bou-

chons de paille. Ces bouchons de paille, tout en maintenant le filet tendu vers le sol, ont pour but
d'effrayer le gibier par le bruit qu'ils font en rasant
les chaumes ou les herbes; les perdrix, car c'est surtout leur prise qu'on a en vue, se réveillent en sur-
saut et veulent prendre leur volée; mais, dès que les
chasseurs en entendent une partir, ils abattent vivement le traîneau, et presque toujours ils prennent
d'un seul coup toute une compagnie, car on sait
que les perdrix ne se séparent pas. Pour empêcher
ce genre de chasse, qui n'est fait que par les braconniers, les propriétaires ont ordinairement soin,
une fois les moissons rentrées, de faire planter
dans les champs, à de fréquents intervalles, des
branches d'épine noire qui ont pour but d'arrêter
et de déchirer les traîneaux.

La *tirasse* est un filet qu'on employait spécialement pour les cailles avant la loi de 1842; il avait

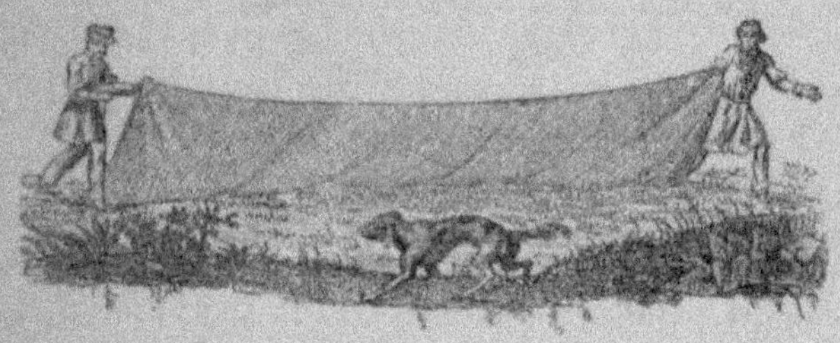

12 mètres de long sur 8 de large, et les mailles
avaient 4 centimètres d'ouverture. Deux chasseurs,
accompagnés d'un bon chien dressé exprès, se
mettaient en campagne avec le filet, qu'ils soutenaient comme nous l'avons dit pour le traîneau;
puis, dès qu'ils voyaient le chien en arrêt sur une
ou plusieurs cailles, ils approchaient doucement,
et, quand ils étaient à portée, ils traînaient vivement

la tirasse et sur le chien et sur le gibier, qui, effrayé,
voulait partir et se prenait dans les mailles. D'autres
fois, ils se contentaient d'étendre le filet sur de
hautes herbes, dans des champs fréquentés par les
cailles; ils le soutenaient au besoin avec de légers
bâtons, puis avec le chien ils allaient tout autour
rabattre les oiseaux, qui, tout en piétant, s'enga-
geaient sous le filet; quand il y en avait un certain
nombre, on les faisait partir avec des cris ou un
bruit quelconque, et les cailles s'embarrassaient de
suite dans la tirasse.

Il y a un filet qu'on nomme *araigne* ou *araignée*,
parce qu'on le tend comme les araignées disposent
leurs toiles. On le suspend entre deux arbres au
moyen d'une ficelle terminée par des triquets ou

petits morceaux de bois taillés en biseau, qu'on
enfonce légèrement dans les entailles pratiquées
dans les arbres de soutien. Il faut que la résistance
soit assez faible pour que tout oiseau venant à se
jeter dans le filet le fasse céder et tombe avec lui en
se prenant nécessairement dans les mailles. Ces
mailles, n'étant pour la plupart du temps destinées
qu'aux petits oiseaux, n'ont guère que 2 à 3 centimètres, et sont faites en losanges; mais quelquefois
on les fait plus grandes et plus fortes afin d'y
prendre des oiseaux de proie; dans ce cas, au lieu
de suspendre le filet verticalement, on le dispose

horizontalement, en l'attachant toujours très-
légèrement par les quatre extrémités. On a soin de
placer au-dessous de l'araignée un ou plusieurs
oisillons, retenus à terre par une ficelle, qui par
leurs cris attirent l'oiseau de proie. Celui-ci se précipite en ligne directe, suivant son habitude, pour
saisir sa victime, mais il rencontre dans sa course
l'araignée, qu'il entraîne avec lui et qui l'enveloppe
de ses mailles. L'oiseleur doit être aux aguets à
peu de distance, pour empêcher l'oiseau de briser
le filet et de s'échapper.

La *pantaine* ou *panthière* n'est qu'une araignée de
très-grande dimension, ayant quelquefois jusqu'à

30 mètres de long sur 10 de large, qu'on suspend
verticalement le long de la lisière d'une forêt; on
l'attache par le bas à des piquets, et on la retient
par le haut à l'aide de cordes passant dans des anneaux fixés aux arbres; ces cordes vont se réunir
dans la main de l'oiseleur, caché à quelque distance
sous une hutte de feuillage. On ne pose guère ce
grand filet qu'aux endroits où l'on attend un gibier
de quelque valeur, comme faisan ou bécasse. Dès
que l'oiseau se présente, on lâche les cordes : le
filet s'abat et enveloppe le gibier. La pantaine se
fait presque toujours simple, en mailles carrées ou
en losanges de 4 à 6 centimètres de diamètre;
quelquefois pourtant on la dispose comme le hallier

avec nappe et aumées; mais cela devient lourd et embarrassant.

La *tonnelle*, très-peu employée maintenant, est un filet conique, de 3 à 5 mètres de long, ressemblant beaucoup extérieurement aux verveux em-ployés par les pêcheurs; on lui donne 1 mètre d'ouverture, et on le soutient tendu à ras de terre avec des cerceaux ou baguettes diminuant successivement de circonférence. De chaque côté de ce piége on établit des halliers formant demi-cercle, comme pour agrandir l'ouverture de la tonnelle; puis on va dans la plaine rabattre le gibier, en le dirigeant peu à peu dans l'espace circonscrit par le filet; il finit par s'y engager et par entrer dans la tonnelle, qui lui paraît être la seule issue possible. Alors on ramène les halliers sur la bouche de la tonnelle, et les oiseaux sont prisonniers.

§ 4. — Piéges à ressorts et à combinaisons.

Quoique la *vache artificielle* ne soit pas un piége proprement dit, et ne soit qu'une modification ingénieuse de la loge dans laquelle le chasseur se cache pour atteindre plus sûrement le gibier, nous la mettons la première au nombre des engins qu'il est difficile de fabriquer soi-même, si on veut les avoir parfaitement établis. Il ne faut pas croire que les oiseaux se laissent prendre à des piéges trop grossiers; si la curiosité, la gourmandise, la passion amoureuse surtout, les entraînent souvent à leur perte, à l'instar d'autres bipèdes qui se disent plus

raisonnables, ils n'en sont pas moins assez sagaces
et assez défiants, dans leur état ordinaire, pour
s'apercevoir des ruses mal préparées.

On sait déjà ce que c'est que la *hutte ambulante*,
composée soit de vrais branchages, soit d'une toile
peinte en vert et représentant du feuillage, montée

avec des cerceaux et des liens d'osier, et assez
légère pour être transportée avec des bretelles par
le chasseur lui-même. La *vache ambulante* ou artificielle demande beaucoup plus d'art, car il s'agit
d'imiter aussi bien que possible, dans ses formes,
dans son port, dans ses mouvements, un gros animal
qui marche, et de rendre l'attirail assez commode
pour que le chasseur le porte sans trop de fatigue,
et s'y retourne avec facilité au moment d'ajuster et
de tirer.

Il faut donc une combinaison habile de cerceaux
recouverts d'une toile peinte à l'huile imitant le
poil de la vache; il faut des jambes de derrière assez
bien faites pour que l'oiseau s'y trompe, une queue
tombant naturellement, une tête passablement
formée, surmontée de cornes véritables, un poitrail
gracieusement modelé, et enfin il est nécessaire que
le chasseur emmanché dans cette tête et ce poitrail
ait les jambes habillées et posées de telle sorte
qu'elles fassent un peu illusion: qu'il marche en

abaissant cette grosse tête postiche comme s'il broutait, qu'il se dandine adroitement à droite et à gauche comme l'animal qui flâne en cherchant la meilleure touffe d'herbe, enfin qu'il l'emporte par la ruse sur l'instinct de l'oiseau.

Si le succès ne venait pas souvent récompenser le chasseur de la gêne et de la patience qu'il s'impose, il faut convenir que tout cet attirail ne vaudrait pas la peine et la dépense qu'il occasionne; mais, nous l'avons déjà dit, l'homme ne trouve un plaisir vrai que là où il a pu déployer soit son adresse, soit son courage, soit les ressources de son esprit.

Il est certain que la vache artificielle bien faite donne des résultats satisfaisants et permet d'approcher plusieurs sortes de gibier, soit à poil, soit à plumes, qu'on ne pourrait presque jamais atteindre autrement.

En fait de piéges à ressort, les rejets, sauterelles, raquettes, repenelles, etc., sont les plus simples, et un oiseleur adroit peut les préparer lui-même. Ils reposent tous sur le même principe : une baguette pliante faisant ressort et tirant à elle, quand elle se redresse, la ficelle disposée en nœud coulant; une marchette ou petit bâton servant de perchoir à l'oiseau, qui la fait tomber dès qu'il la touche, et qui en tombant permet au nœud coulant de se resserrer autour des pattes de l'animal.

Le *rejet* ordinaire ou *corde à pied* s'emploie surtout pour les bécasses au moment de leurs grands passages; on l'emploie aussi pour les oisillons à la chasse à l'abreuvoir. On se sert, pour établir ce rejet, d'une baguette d'environ 1 mètre qu'on plante en terre par le gros bout; on tient courbée l'autre extrémité en y attachant la ficelle qui se termine en nœud coulant. Ce nœud coulant est disposé par

terre autour de la marchette, soutenue à quelques
centimètres du sol par deux piquets à crochet, et
cette marchette est retenue si légèrement en équilibre par un petit bâton entré dans un cran pratiqué
à son extrémité, que l'oiseau la fait choir à la
moindre pression.

La *raquette* ne diffère du précédent que par la
manière dont on la dispose. Destinée à prendre des
oiseaux qui voltigent et ne marchent pas, elle a
besoin de leur offrir un perchoir plus élevé, et, pour
les y attirer, on y ajoute souvent un appât composé
de fruits naturels ou artificiels, suivant la saison.
On prend une longue baguette élastique, et, au lieu
de la planter en terre comme tout à l'heure, on
attache la ficelle à l'un de ses bouts et on ramène
l'autre en arc aussi courbé que possible en faisant
passer cette ficelle par le trou qu'on y a pratiqué.
La ficelle est terminée, comme toujours, en nœud
coulant disposé autour d'une marchette horizontale
qu'on fait entrer légèrement par un bout dans le
trou déjà pratiqué dans la baguette, qui se trouve
ainsi retenue suffisamment. Dès que l'oiseau, attiré
par l'appât, qu'il ne peut atteindre qu'en se posant
sur la marchette, se perche sur celle-ci, elle s'é-
chappe du trou, permet à la baguette de se redresser, et laisse agir le nœud coulant, qui se resserre
autour des pattes ou du cou du maraudeur.

Ajoutons que le piége, quand il est préparé, est

soutenu droit à l'aide d'une baguette ordinaire
qu'on plante en terre et que l'on fait passer par la
corde de l'arc ; il est bon aussi d'attacher par un
fil, à la baguette même qui fait ressort, la petite
marchette, afin qu'elle ne se perde pas chaque fois
qu'elle tombe ; car, dès que le piége a fonctionné,
on n'a qu'à l'emporter et à le dresser ailleurs.

Quoique le rejet que nous venons de décrire soit
réellement *portatif,* on donne principalement ce
nom à celui qu'on établit sur une planchette, parce
qu'on l'apporte de chez soi tout préparé. Dans
celui-ci, la baguette pliante est remplacée par un
ressort d'acier fixé par un bout sur la planche et
portant à l'autre bout un ou plusieurs collets ; c'est
toujours la marchette, qu'on dispose et qu'on arrête
par des moyens variés, qui en tombant permet au
ressort de se redresser et de serrer le nœud coulant.
On place ce piége à volonté, soit par terre, soit sur
des buissons ou des branches d'arbres.

Le *collet à ressort,* si souvent employé pour prendre le canard sauvage et d'autres oiseaux assez
forts, n'est qu'un rejet portatif à dimensions plus
grandes ; nous dirons seulement, sans rentrer dans
des détails inutiles, qu'il faut varier les appâts et
les places où on tend ce piége, suivant le gibier
qu'on veut prendre. Ainsi, pour les canards, on le
posera dans les endroits marécageux qu'ils habitent, et on répandra autour de la marchette des
grains de blé cuits, dont ils sont si friands ; pour
les oiseaux carnivores, comme le corbeau et la pie,
on appâte la marchette avec de petits morceaux de
viande crue et on dissimule le piége dans la terre,
le sable ou la neige. De toutes façons, on fera bien
d'attacher solidement l'appareil afin que l'oiseau
prisonnier ne l'emporte pas avec lui.

La *sauterelle* consiste en une baguette de bois ou d'acier tendue en arc au moyen d'une corde double tordue plusieurs fois, dans le milieu de laquelle on engage une planchette; c'est une disposition semblable à celle qui tient écartés les jambages d'une scie. On sépare l'arc et la planchette, qui tendent toujours à se réunir, par un *triquet* ou bâtonnet auquel on attache avec un fil l'appât qui doit attirer l'oiseau. Celui-ci, en tirant l'appât, fait tomber le triquet, et l'arc, n'étant plus retenu, se rabat vivement sur l'animal ou fait jouer des collets dont le mouvement est combiné avec celui de l'arc. Ce piége varie de grosseur et d'appât suivant le gibier; pour les granivores on attache au fil des grains de blé ou d'orge; pour les oiseaux de proie on se sert de morceaux de chair.

L'*assommoir du Mexique* n'est autre chose qu'une sauterelle plus forte, dans laquelle la palette écrase l'oiseau quand le triquet s'échappe.

La *pince d'Elvaski*, ainsi appelée du nom de son inventeur, diffère des rejets et collets à ressort en ce que, au lieu d'un nœud coulant, le ressort, en se détendant, fait agir des crochets ou pinces qui saisissent fortement l'oiseau. On prend beaucoup de canards par ce moyen, et on peut appliquer ce système à tous les autres piéges et à tous les oiseaux quand on ne tient pas à les prendre vivants.

Le *traquenard* et l'*hameçon à ressort* sont des engins peu employés pour les oiseaux, et dont nous avons déjà parlé à propos des loups et des renards; on s'en sert cependant quelquefois pour prendre les oiseaux de proie en les appâtant avec des morceaux de chair; ce piége fonctionnant alors comme la pince d'Elvaski, quand l'oiseau tire à lui l'appât, il fait détendre les ressorts et se trouve pris par le corps ou par les pattes.

Les piéges le plus souvent employés pour les petits oiseaux, si nombreux et si intéressants, sont, avec ceux que nous avons déjà décrits, le *quatre-de-chiffre*, la *mésangette* et le *trébuchet*, dont on compte plusieurs variétés. Il faut dire que presque tous ces engins pourraient être appelés trébuchets, puisque leur principe est toujours le même : une petite pièce de bois que l'oiseau fait trébucher et qui fait jouer soit un ressort, soit un nœud coulant, soit une porte, soit même une tuile qui écrase.

Le *quatre-de-chiffre*, dont la forme explique le nom ou dont le nom explique la forme, se compose de trois pièces : le pivot, la marchette et le support. Le pivot est un morceau de bois enfoncé en terre et terminé en pointe ; la marchette, toujours horizontale, est un autre petit bâton retenu par un cran au milieu du pivot ; enfin le support est encore un morceau de bois taillé en biseau, posant d'une

part sur un cran fait au bout de la marchette, et d'autre part sur l'extrémité du pivot. Ce support est destiné, soit à tenir ouverte la porte d'un trébuchet ou de tout autre piége, soit à retenir une tuile, une planche, au-dessus d'un trou où l'on attire l'oiseau par des appâts et où il s'enferme lui-même en faisant trébucher le quatre-de-chiffre ; soit à soutenir un assommoir qui écrase à moitié l'oiseau. On comprend que celui-ci, en pesant sur la marchette, la fait basculer, et que si le piége est bien disposé, la réussite est toujours assurée. On proportionne la force du piége à celle du gibier attendu.

La *mésangette*, qui sert surtout à prendre des mésanges, mais qu'on emploie aussi pour toutes sortes d'oisillons, est une espèce de boîte à claire-voie ou de cage dans laquelle on répand du chènevis ou tout autre grain, et dont on soutient le couvercle ouvert de 15 centimètres au moins, à l'aide d'un quatre-de-chiffre placé à l'intérieur. L'oiseau, attiré par la vue du grain, se décide à entrer, saute sur la marchette, le couvercle se referme et on a un prisonnier. Toutes les mésangettes, quel que soit le système qu'on leur applique, en reviennent toujours à ce résultat, et ce n'est en réalité qu'une espèce de trébuchet.

Il en est des trébuchets comme de tous les autres piéges, les plus simples sont les meilleurs. Le *trébuchet* simple se compose d'une cage munie d'un couvercle qu'un ressort en spirale pousse à se fermer et qu'on retient ouvert à l'aide de la combinaison ordinaire de la marchette et du moutonnet, bâtonnet ou triquet qui la tient en équilibre. On s'arrange pour avoir, dans une autre cage placée sous le trébuchet, un appelant dont les cris attirent ses semblables; ceux-ci arrivent, et le premier qui descend sur la marchette fait retomber le couvercle et devient prisonnier. A défaut d'appelant, on se contente d'un appât, et le premier oiseau pris sert d'appelant, si ce n'est par son chant, au moins par le mouvement qu'il se donne. On accroche ordinairement le trébuchet aux branches d'un arbre fréquenté par les oiseaux qu'on désire obtenir vivants.

On peut, avec un seul appelant, multiplier les
trébuchets autour de lui et prendre ainsi du même
coup autant d'oiseaux qu'on a de cages; puis on
recommence à les tendre si la place est bonne, ou
on les transporte ailleurs. Mais on a imaginé, pour
éviter une surveillance incessante, un *trébuchet sans
fin* composé de trois parties : l'une contient l'appelant, l'autre est destinée aux oiseaux qui se laissent
prendre, et le troisième au trébuchet proprement
dit. A l'aide de contre-poids, la marchette se remet
en place après chaque chute et les portes se relèvent
après s'être fermées. Cela nous semble très-ingé-
nieux, mais doit être d'une réussite peu certaine;
en tout cas nous renonçons à décrire cette compli-
cation de mouvements qui rentre un peu dans l'art
du mécanicien.

Le *trébuchet à filet*, qu'on nomme aussi *pochette*,
se compose d'un filet rond monté sur deux baguettes

ou deux fils de fer for-
mant chacun un de-
mi-cercle, et dont l'un,
plus petit, s'emboîte
dans le plus grand.
On lie aux extrémités
de celui-ci une corde
que l'on tend comme pour la sauterelle et dans
laquelle on fait entrer les bouts du plus petit;
puis on fait passer par le milieu de cette corde une
règle sur laquelle on pose le filet, retenu ouvert au
moyen de deux triquets imitant avec la règle le
quatre-de-chiffre, auquel on revient toujours. Quand
l'oiseau vient tirer l'appât attaché à l'un des triquets, il le fait choir, et le filet se referme brusque-
ment sur lui.

Ce piége peut servir à tous les oiseaux qui trottent

et voltigent à ras de terre ; on le tient en place au
moyen de piquets à crochets.

Le *panneau à filet* se compose d'un filet étendu sur
un cadre à pieds mobiles, s'affaissant sur eux-mêmes
au moindre choc. L'oiseleur sème du grain sur l'em-

placement qu'il a choisi, il pose son filet de telle
sorte que les pieds sont de biais, et que, s'il ne le
soutenait pas par un cinquième support, placé en
sens inverse, il tomberait ; il attache à ce support
une longue ficelle et s'éloigne en se cachant de son
mieux dans un fossé ou sous une hutte de feuillage
jusqu'à ce que les oiseaux se hasardent à fourrager
sous le filet. Dès qu'il en voit un ou plusieurs suffisamment engagés, il tire la ficelle, et le filet s'abat
immédiatement sur les imprudents.

Le *miroir* n'est pas par lui-même un piége ; ce serait plutôt un appeau, puisqu'il attire et ne prend
pas ; mais nous terminerons ce chapitre par une
description très-courte de la chasse amusante et
fructueuse que cet engin permet de faire aux
alouettes, si nombreuses dans nos contrées, et si
estimées cuites sous le nom de mauviettes.

On sait combien les oiseaux sont curieux et se
laissent facilement attirer par tout ce qui brille ; le
pigeon, la grive, l'étourneau, le becfigue et bien
d'autres, le corbeau et la crécerelle eux-mêmes,
sont séduits par l'éclat du miroir ; mais l'alouette

14

plus que tous les autres plane au-dessus du fatal
instrument avec une persistance telle, qu'elle ne
peut échapper à la mort qui l'attend.

Les miroirs avec lesquels on l'attire n'ont pas besoin d'être extrêmement brillants ; ce sont des frag-
ments de glace et quelquefois de simples morceaux
de bois verni, rangés sur une espèce de disque au-

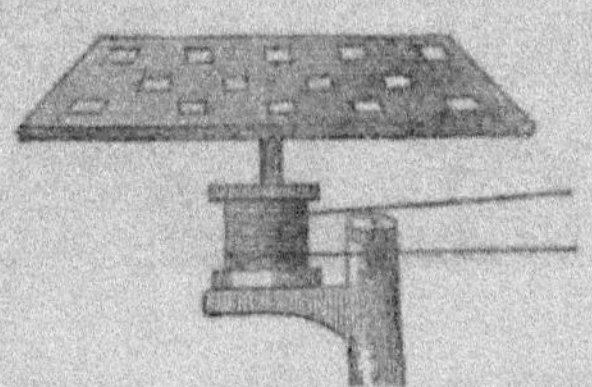

quel on donne un mou-
vement de rotation ou
de va-et-vient au moyen
d'une longue ficelle ou
mieux d'un tourne-bro-
che. Ces miroirs varient
suivant le genre de chasse
que l'on veut faire. Si on se sert du fusil, le miroir doit être garni de glaces en dessus, afin que
les alouettes, qui les aperçoivent de très-haut, viennent planer au-dessus ; quand elles s'en approchent
à 4 ou 5 mètres seulement, il est facile de les abattre.
Si au contraire on chasse au filet, il faut un miroir
n'ayant de glaces que sur les cotés, afin que les
alouettes soient attirées presque au ras du sol par
ces reflets qui ne les frappent qu'horizontalement,
et qu'elles puissent se prendre dans les filets
tendus comme nous l'avons expliqué plus haut.

Pendant les premières gelées blanches d'octobre,
avant que les alouettes aient abandonné la plaine,
et tandis qu'elles sont grasses à point, on va le matin
avec son miroir au milieu des champs, on le place
dans un endroit bien découvert, on tâche d'avoir un
ou deux appelants, puis on se retire à vingt pas au
moins ; dès que l'instrument mis en mouvement
scintille, on voit les alouettes arriver, monter, des-
cendre, planer quelquefois à quelques centimètres
seulement du miroir ; elles semblent s'y mirer ; puis,

après avoir rasé le sol, elles recommencent vingt fois
le même manége. On les tue ou on les prend à mesure qu'elles sont à portée et qu'elles donnent dans
le filet ; peu importe aux autres : au bout de quelques instants elles reviennent de plus belle. Cependant, dès que le soleil gagne le haut de l'horizon,
la chasse devient moins fructueuse ; il faut que les
rayons tombent obliquement sur le miroir, pour que
l'effet en soit complet. La meilleure chasse se fait
toujours le matin jusqu'à neuf ou dix heures ; on
peut la recommencer l'après-midi, mais elle ne vaut
jamais celle du matin.

TABLE DES CHAPITRES

PREMIÈRE PARTIE.

CHASSE AUX QUADRUPÈDES.

SECONDE PARTIE.

CHASSE AUX OISEAUX.

FIN DE LA TABLE DES CHAPITRES.

TABLE ALPHABÉTIQUE

PERMIS DE CHASSE

Au moment de terminer notre ouvrage, on nous communique la circulaire suivante qui a été adressée par le directeur général de la comptabilité publique aux trésoriers-payeurs généraux et aux receveurs des finances :

Paris, 20 juillet 1875.

AUGMENTATION DU PRIX DES PERMIS DE CHASSE.

L'article 6 de la loi du 2 juin 1875, promulguée le 5 dudit mois, est ainsi conçu :

Seront soumis aux décimes établis par la législation actuelle, les droits de douanes, de contributions indirectes et de timbre existant avant 1870, et qui, depuis cette époque, n'ont pas été augmentés en principal ou en décimes.

Par suite de cette disposition, le permis de chasse, ramené, par la loi du 20 décembre 1872, au chiffre de 25 fr., est augmenté de 2 décimes, et cette augmentation, qui est de 3 fr. pour chaque formule, ne porte que sur le droit de 15 fr. attribué à l'État.

En conséquence, le prix des permis de chasse doit être perçu, à partir de la promulgation de la loi du 2 juin précitée, à raison de 28 francs, soit 18 fr. pour l'État et 10 fr. pour les communes.

www.ingramcontent.com/pod-product-compliance
Lightning Source LLC
LaVergne TN
LVHW052013060726
842528LV00002B/499